一點都不無聊！

數學實驗遊樂場

DK 科學少年

一點都不無聊！數學實驗遊樂場

作者 / DK
譯者 / 張容瑱

出版六部總編輯 / 陳雅茜
美術主編 / 趙璦
特約行銷企劃 / 張家綺

發行人 / 王榮文
出版發行 / 遠流出版事業股份有限公司
地址 / 臺北市中山北路一段11號13樓
電話 / 02-2571-0297　傳真 / 02-2571-0197
郵撥 / 0189456-1
遠流博識網 / www.ylib.com
電子信箱 / ylib@ylib.com
ISBN / 978-957-32-9611-9
2022年7月1日初版
版權所有・翻印必究
定價・新臺幣800 元

Original Title: Maths Lab
Copyright © Dorling Kindersley Limited, 2021
A Penguin Random House Company
Traditional Chinese edition copyright:
2022 YUAN-LIOU PUBLISHING CO., LTD.
All rights reserved.

For the curious
www.dk.com

國家圖書館出版品預行編目（CIP）資料

一點都不無聊!數學實驗遊樂場 /
DK 作；張容瑱譯. -- 初版. -- 臺北市：
遠流出版事業股份有限公司, 2022.07
面；　公分
譯自：Maths Lab
ISBN　978-957-32-9611-9（精裝））

1.數學 2.科學實驗 3.通俗作品

310　　　　　　　　　　　　111008361

一點都不無聊！

數學實驗遊樂場

DK／著　張容瑱／譯

遠流

目 錄

數學知識
帶有這個符號的文
字，說明活動中與
數學相關的知識。

注意！
這個標誌代表有危
險！操作時一定要
有大人在旁邊。

關於黏膠的小提醒
本書有一些活動需要黏貼，建議使用一般的白膠
或口紅膠。如果有熱熔膠槍，有些情況使用熱熔
膠槍會比較方便，因為這種黏膠乾得比較快。但
熱熔膠槍只能由大人使用！操作時記得要遵照廠
商的說明。

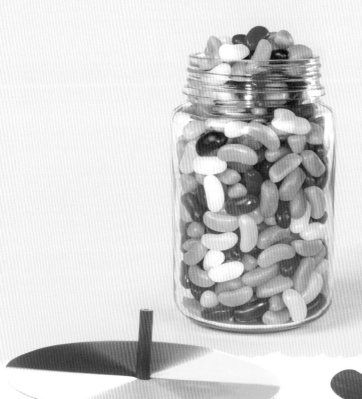

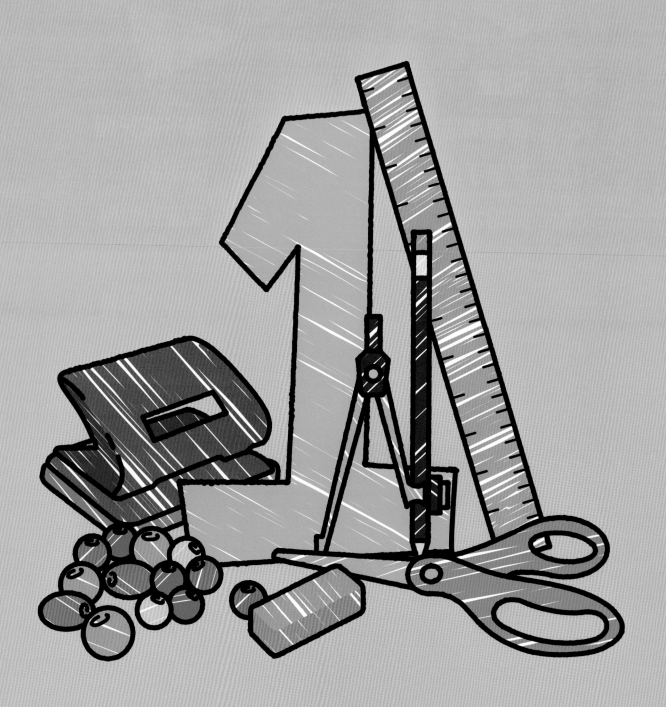

數字

數學不能沒有數字。儘管數字符號只有十個，卻能用來寫出或數出你想得到的任何數。這一章的活動能幫助你學習掌握數字，包括製作數字冰箱磁貼，以及運用分數來均分披薩。你也能動手製作算盤，協助自己進行複雜的計算，再做一個捕夢網吊飾，測驗一下你的乘法表功力。

全家的數學挑戰
數字冰箱磁貼

利用已經上好背膠的軟性磁鐵片以及彩色卡紙，能做出獨特的數字磁貼。把磁貼吸附在冰箱上出幾道題目，考考家人，看誰最快解開難題！

如何製作
數字冰箱磁貼

這種磁貼做起來又快又簡單，尤其是利用有背膠的軟性磁鐵片，很容易就能完成。你可以使用不同顏色的卡紙繪製數字，貼在冰箱上會很顯眼。

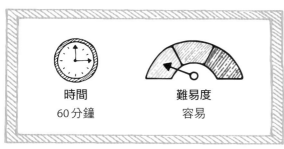

時間
60分鐘

難易度
容易

需要的東西

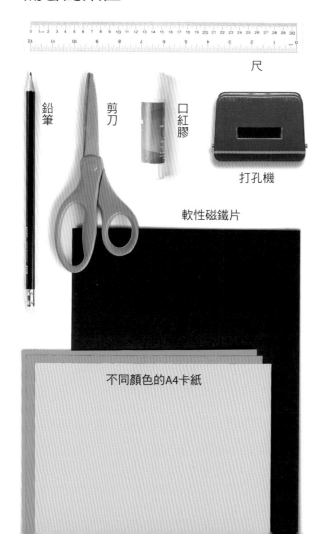

尺

鉛筆

剪刀

口紅膠

打孔機

軟性磁鐵片

不同顏色的A4卡紙

運用的數學

- **測量**：確保數字磁貼的尺寸正確無誤。
- **等式**：用來出題考家人，例如加、減、乘、除法的等式。
- **代數**：運用代數的概念，可以提升數學題的難度！

零是一個特別的數字，可用來改變一個數的位值。

1 在彩色卡紙或普通的紙上畫一個零，大約高4.5公分、寬3.5公分。數字的筆畫要夠粗，以免剪下時斷裂。

2 用剪刀沿著數字最外圍的輪廓，小心的剪下來。

3 撕下磁鐵片上的背膠，把數字貼上；或用口紅膠把數字黏上去，記得要貼在沒有磁性的一面。

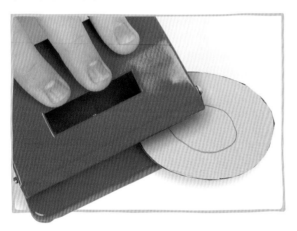

5 接下來要去除零中間的空洞。先用打孔機在零的中間打個洞，再把剪刀的尖端插進去剪。

7 重複步驟1到5，但這次要做的是數學符號：加號、減號和乘號。

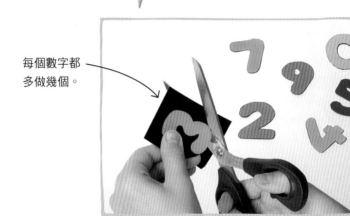

4 用剪刀沿著數字的輪廓，連同磁鐵片小心的剪下來。如果覺得困難，可以請大人幫忙。

每個數字都多做幾個。

6 重複步驟1到5，用不同顏色的卡紙製作數字1到9。可將幾個數字貼在同一張軟性磁鐵片上，再一起剪下來。

有了這些符號，就能快速又簡單的安排算式。

8 接下來製作除號和等號。畫的時候，在筆畫分離的地方加上細線，好讓磁貼保持完整。重複步驟2到5，做出除號和等號。

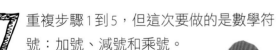

5＋38－26＋17＝

45＋70＝

6＋23＝

81÷9＝

9 把磁貼吸附在冰箱上，用它們設計各種數學題目並計算答案。你能算出左邊這些算式的答案嗎？

代數大挑戰

製作英文字母 x 和 y 兩個磁貼，可用來設計代數題目。英文字母代表未知數。解代數題目時，記得等號兩邊的值要相等，這和天平的道理一樣。如果等號一邊為英文字母，只要算出等號另一邊算式的值，就能知道英文字母等於多少。你能算出右邊這些等式中 x 和 y 的值嗎？

6÷3＝x

6÷3＝2

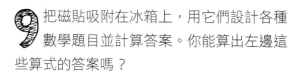

2＋y＝8

y＝8－2

y＝6

1 這道題目跟一般數學題一樣，只是等號右邊是 x，代表 x 等於 6 除以 3，因此 x＝2。

2 要知道這個等式中的 y 是多少，先在等式的兩邊都減 2，8－2 是 6，所以 y 等於 6。

神機妙算
自製算盤

算盤是世界上最早的計算工具，遠在計算機發明以前許久就已經問世。有些算盤至今仍受到使用，可快速算出各種複雜的數學問題。組裝好你自己的算盤，用快速的計算技巧讓朋友和家人大吃一驚吧！

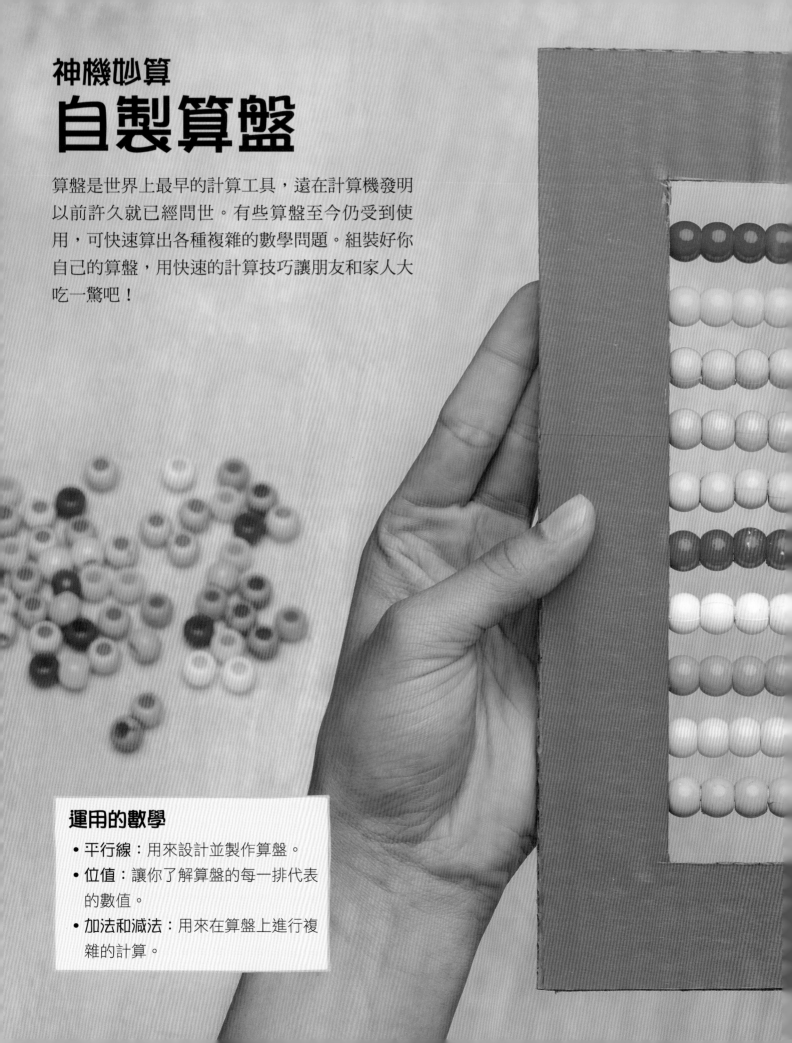

運用的數學

- **平行線**：用來設計並製作算盤。
- **位值**：讓你了解算盤的每一排代表的數值。
- **加法和減法**：用來在算盤上進行複雜的計算。

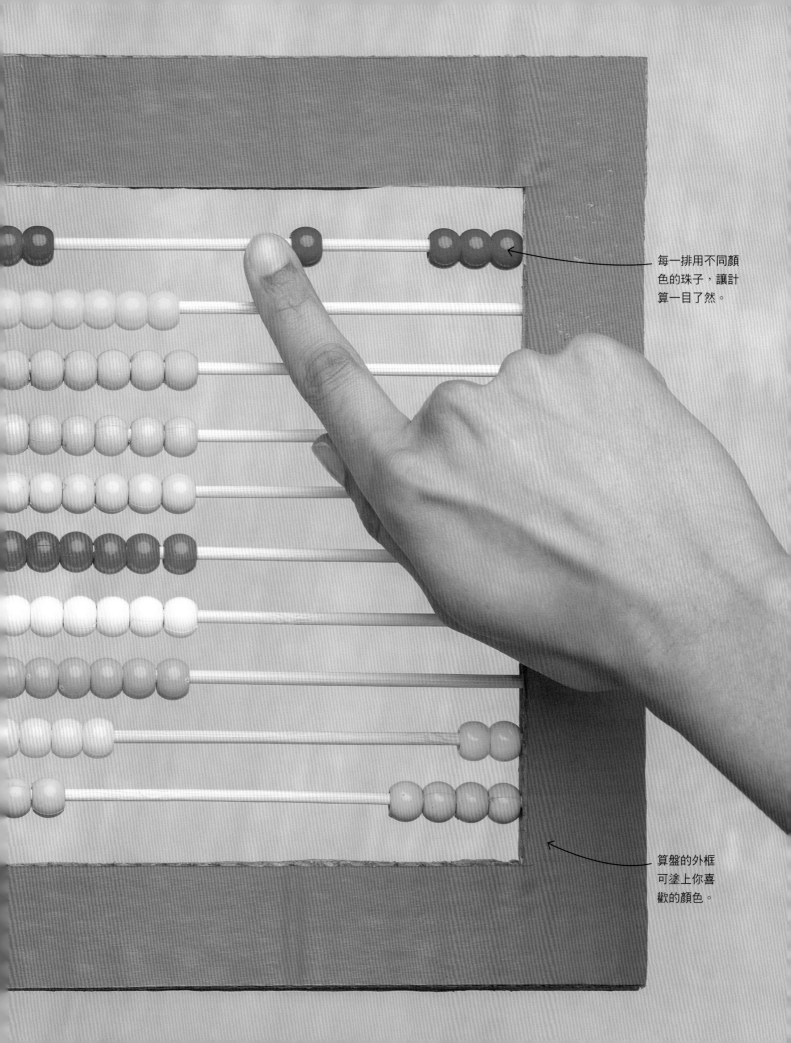

每一排用不同顏
色的珠子，讓計
算一目了然。

算盤的外框
可塗上你喜
歡的顏色。

如何製作
算盤

製作這個算盤只需要幾根木棒、彩色珠子、幾片紙板和一些顏料。製作的過程中一定要仔細測量，讓木棒做成的橫桿保持水平，珠子才能沿著橫桿順暢移動。

時間
45 分鐘，加上顏料晾乾的時間。

難易度
適中

需要的東西

薄的瓦楞紙板

10 根木棒或竹籤

10 種顏色的珠子共 100 顆

剪刀

白膠

膠帶

鉛筆

三角板

水彩筆

壓克力顏料

尺

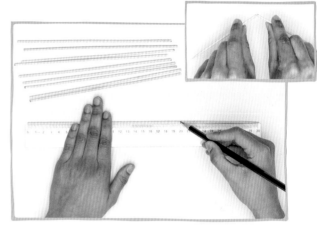

1 沿著木棒量出 20 公分，用鉛筆做記號。小心的從做記號的地方折斷，重複相同步驟，做出十根一樣長的木棒。

用三角板檢查，所有的角都必須是 90°。

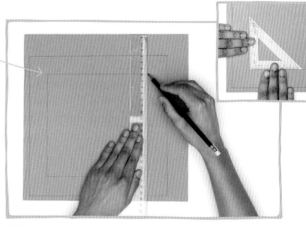

2 製作外框。在瓦楞紙板上畫一個邊長22.5 公分的正方形，從邊往內測量 3 公分，畫一個較小的正方形。在另一片紙板上重複相同步驟，得出兩片同樣的紙板。

用鉛筆在紙板上戳一個洞，以便剪刀剪掉中間部分。

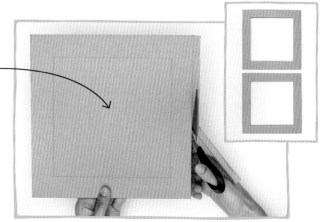

3 沿著外側的正方形剪下紙板，再小心沿著內側的正方形剪，去除中間的紙板，成為一個框。另一片紙板也同樣處理。

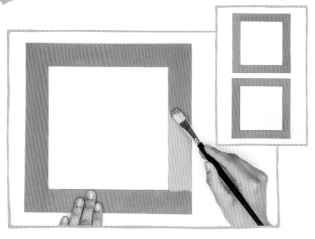

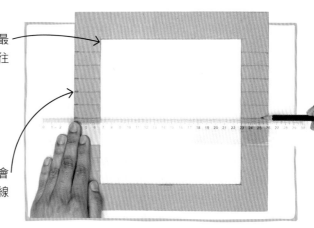

從框內的最上緣開始往下量。

之後木棒會沿著這些線擺放。

4 以一點點水調和壓克力顏料後,在兩個外框的一面塗上顏色,不要讓紙板變得太濕。靜置晾乾。

5 晾乾後,翻到沒塗色的一面,在框內左右兩側的邊上,每隔1.5公分做個記號。沿著記號在框上畫出水平線。

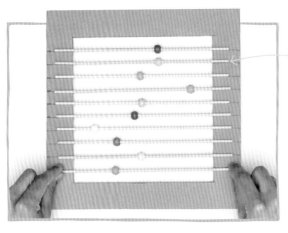

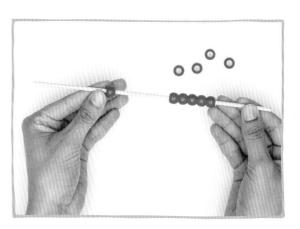

木棒互相平行,代表它們永遠不會相碰或相交。

6 每根木棒上各串一顆不同色的珠子,沿著框上畫好的線擺放。珠子顏色的排列順序可隨你的喜好安排。

7 拿起最上面的木棒,串上另外的九顆珠子。可一邊串一邊數,數到十為止。串好後先放到一旁。

10根木棒各有10顆珠子,總共是100顆。

8 重複步驟,串好十根木棒,每根木棒上會有十顆同色的珠子。全部串好後再數一次,確認每根木棒都有十顆珠子。

可自行決定每排珠子的顏色。

位值和小數

一個數的每個數碼會依位置不同而有不同值。例如 42367.15 中，6 代表 6 個 10，所以值是 60。小數點左邊的數是整數，右邊的數是小數。

萬位　　百位　　個位　　百分位

42,367.15

千位　　十位　　小數點　十分位

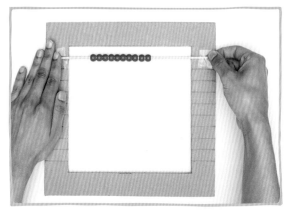

9 把第一根木棒放在外框最上面的鉛筆記號上，兩端用膠帶固定在紙板上。

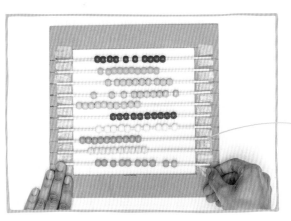

算盤上的每一排代表不同的位值。

10 重複相同步驟，把十排珠子固定好。記得壓緊膠帶，讓木棒固定不動。

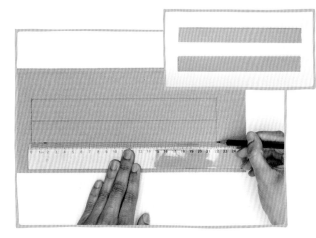

11 在瓦楞紙板上畫兩個 2.5 × 22 公分的長方形剪下，做出兩條一樣的紙板。

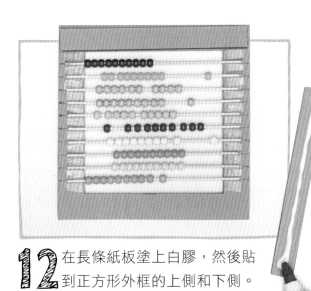

12 在長條紙板塗上白膠，然後貼到正方形外框的上側和下側。避免長條紙板凸出外框的邊緣。

把兩個外框緊實的黏緊，也可用重物壓著晾乾。

13 在另一個正方形外框背面塗上白膠，然後貼到已黏好串珠的外框背面，輕輕按壓。等白膠晾乾，算盤就完成了！

用算盤做計算

算盤的每一個橫排代表不同的位值，愈上面的位值愈高。只要決定好位值，即使是龐大或複雜的數字，也可以用算盤快速加總。

從最上面一排逐一往下看，
就能知道算盤上的數。

1 在這次的計算中，最下面的橫排代表十分位，往上第二排代表個位，第三排代表十位，以此類推。也就是說，算盤現在顯示的數是 317.5。

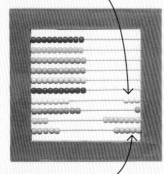

這排珠子代表十分位。

每顆珠子代表 100，
總共 300。

2 把 317.5 加上 9，也就是把第二排的珠子往右撥九顆，但撥了三顆後珠子就滿了，所以換成把第三排的一顆珠子撥到右邊，並把第二排的所有珠子撥回左邊，再繼續數，直到總共撥了九顆為止。

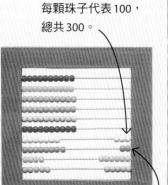

這裡的一顆珠子等於下方一排的十顆珠子。

這顆珠子等於下一排的十顆，
是 100 的十倍，也就是 1000。

3 這個算盤可計算更大的數，例如把現有的數加上 1432.6。從較上面的橫排開始撥，把第五排的一顆珠子撥到右邊，代表千位的數字 1，下一排往右撥四顆，以此類推。

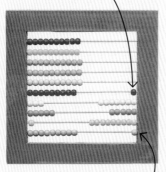

最下一排是十分位，滿了之後記得進位到上面的個位。

4 用這個算盤計算減法時可從下往上算，例如把現有的數減掉 541。先從第二排撥一顆珠子到左邊，然後第三排撥四顆珠子到左邊，第四排撥五顆珠子。最後得到的答案是多少？

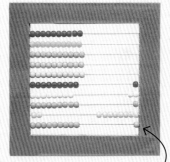

做減法計算時，從最下面的橫排開始，較不容易弄錯。

真實世界中的數學
算盤的歷史

這項活動製作的算盤是歐洲常見的「百珠算盤」。算盤的歷史非常久遠，它的前身是「計算板」。現存最古老的計算板已有 2300 多年的歷史，發現於希臘的一座島上。算盤在過去數百年中發展出各種類型，使用不同的計數方式，例如中國算盤，或右圖的德國算盤——橫排較少，但每排的珠子較多。

摺紙玩具
乘法東南西北

這款「東南西北」摺紙玩具製作起來又快又簡
單，可以用來考考朋友或家人，也可以自問自
答，都很好玩。這裡要教你怎麼利用這款玩具
練習乘法表，你也可以自訂題目，各式各樣
的題材都適用。

運用的數學

- 乘法表：用來回答遊戲中的問題。
- 旋轉：摺「東南西北」時需要用到
  旋轉的概念。
- 平面圖形：製作「東南西北」
  會用到平面圖形。

如何製作
東南西北

這項活動需要一張紙。首先,把這張紙剪裁成正方形,接著按照步驟的說明,仔細摺出形狀,然後決定要寫上什麼算式、塗上什麼顏色。最後再把整個作品摺成立體,就可以和朋友一起玩,考考彼此數學了!

時間 15分鐘	**難易度** 容易

需要的東西

剪刀

黑色簽字筆

彩色筆

A4紙張

照著紫色箭頭的方向往下摺。

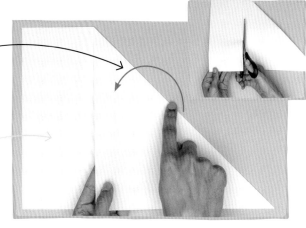

這種形狀特殊的四邊形稱為「梯形」。

1 把 A4 紙張橫擺,右上角往下摺,讓紙張的短邊貼齊長邊,壓出摺痕。把左側多出的長方形剪掉。

對摺要準確,否則「東南西北」的開合會不順暢。

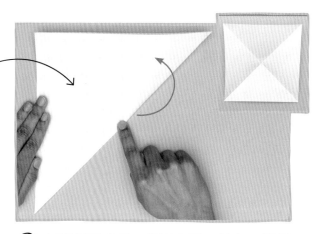

2 展開紙張會是一個正方形,並有一條摺痕連接兩個對角。把另外兩個角對齊後壓出摺痕,再把紙張展開,會有兩條摺痕將正方形分成四個三角形。

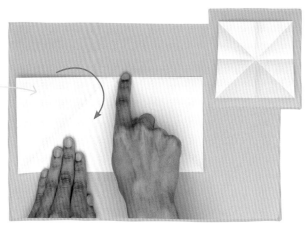

旋轉四分之一圈是轉 90°,因為一圈是 360°,360 的四分之一是 90。

3 把正方形對摺,旋轉四分之一圈後再對摺一次。展開紙張,會見到紙上有四條交錯的摺痕。

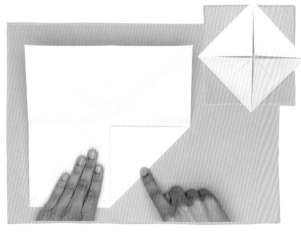

這個小三角形是「直角三角形」，因為它的兩個短邊以90°相交。

4 接著，把正方形的四個角往中心點摺，形成一個菱形。

5 把菱形翻面，再重複把四個角往中心點摺，形成一個較小的正方形。

趁這個機會背熟乘法表。

6 決定好「東南西北」上的問題並寫上。這裡寫的是3的乘法表，每個小三角形上都有一個乘法算式，總共有八個。

7 翻開三角形，在三角形背面寫下每個乘法算式的答案，再把三角形摺回來。

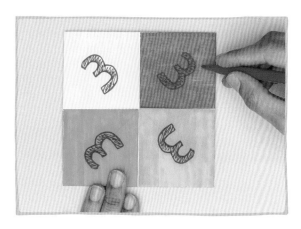

8 把「東南西北」翻面，在每個正方形上標示你使用了哪個數的乘法表，並用彩色筆為正方形塗上不同的顏色。

9 把作品對摺，讓有顏色的正方形朝外。把兩手的大拇指和食指伸進正方形下面，捏住紙張並撐開正方形就完成了！

可以開始玩了！

乘法開開合合

用做好的「東南西北」考考朋友或自己的乘法表功力。閱讀下面的說明了解玩法，可以輪流考對方，但不能偷看答案唷！

翻開三角形，核對答案是否正確。

1 請朋友挑一種色，把這個顏色的英文單字大聲拼出來。每念一個字母就把「東南西北」往不同方向打開，念完時停止開合，會看到四道題目。

2 請朋友挑一題並說出答案。翻開三角形檢查答案是否正確。可以一直玩到所有題目問完。

交錯的往前後左右打開，才能看到兩組不同的題目。

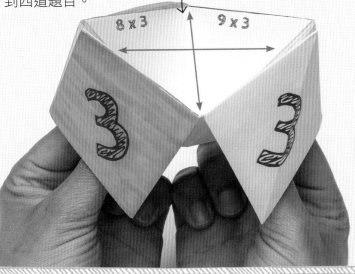

8 x 3　　9 x 3

24　　27

為每個數的乘法表做一個「東南西北」。

更多好玩的東南西北

除了乘法表，「東南西北」也可以用來練習其他數學，例如這裡示範了有關圖形的題目。你也可以考考朋友加、減、乘、除……任何題目都可以！

把答案寫在三角形背面。

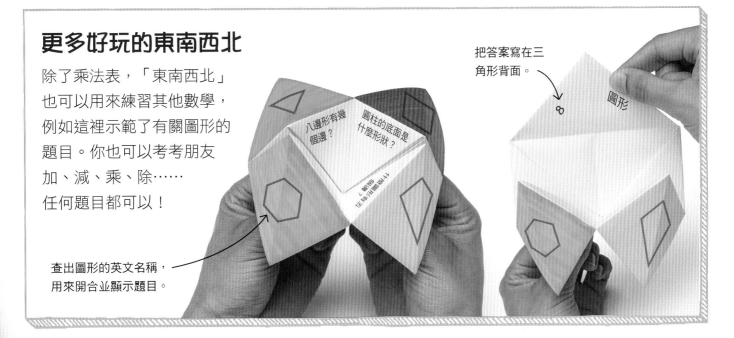

八邊形有幾個邊？

圓柱的底面是什麼形狀？

8　　圓形

查出圖形的英文名稱，用來開合並顯示題目。

快問快答
數學賓果

這是一個訓練心算的好遊戲。回答問題的速度愈快，能愈快蓋住卡片上的格子，贏的機會就愈大！人多人少都適合，你能做多少張賓果卡，就能找多少人來一起玩！

每位玩家的賓果卡都不一樣。

把題目放進鞋盒裡，當作賓果遊戲機。

3×6

確認計算結果正確，再把塑膠圓片蓋到賓果卡上。

如何玩
賓果遊戲

想讓賓果遊戲好玩，每位玩家都要有自己的賓果卡，卡上的數字隨機排列。如此一來，即使題目一樣，每個人標記到的格子也不會相同，得分的速度就不一樣。

運用的數學

- **測量**：用來正確繪製賓果卡上的格子。
- **加減乘除運算**：計算題目的答案，在賓果卡上達成連線。

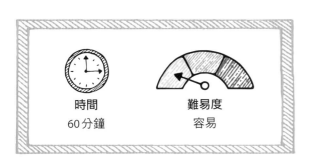

時間
60分鐘

難易度
容易

需要的東西

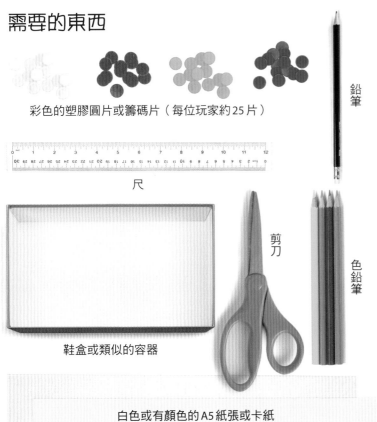

彩色的塑膠圓片或籌碼片（每位玩家約25片）

尺

鉛筆

剪刀

色鉛筆

鞋盒或類似的容器

白色或有顏色的A5紙張或卡紙

量出卡紙的寬度，除以5，這是直線之間的距離，可讓每一欄的寬度保持一樣。

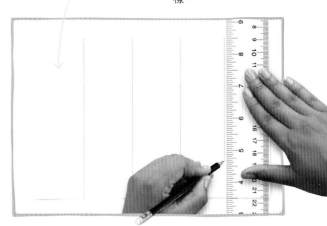

1 拿一張A5的卡紙，把紙面劃分成5×5的表格。先由上而下畫四條直線，線與線的間距要一樣。

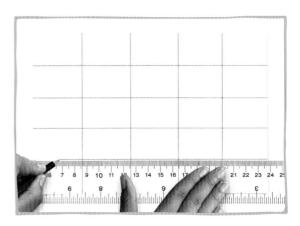

2 把卡紙的高度除以5，在紙上畫四條等距的橫線，最後會得出一個具有五欄、五列的表格。

1	2	3	4	5
6	7	8	9	10
11	12	13	14	15
16	17	18	19	20
21	22	23	24	25

3 在表格裡寫上數字1到25，從左上角開始按照順序寫到右下角。重複步驟1到步驟3，製作更多的賓果卡，但填入數字的順序要隨機變動。

表格的每個格子可塗上不同的顏色。

4 再拿一張卡紙，把紙面劃分成4×3的表格，需畫三條等距的直線，以及兩條等距的橫線。

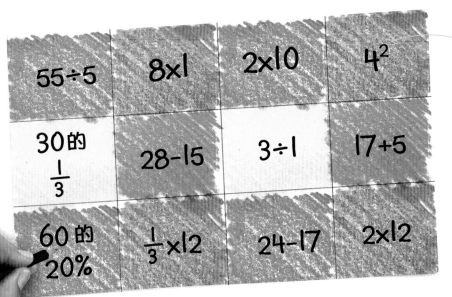

$55 \div 5$	8×1	2×10	4^2
30的$\frac{1}{3}$	$28-15$	$3 \div 1$	$17+5$
60的20%	$\frac{1}{3} \times 12$	$24-17$	2×12

這個小小的2是「指數」，代表底下的數自己乘以自己幾次，4^2就是4×4。

5 在格子裡寫上題目，重複步驟4到5，總共需要製作25道題目，再多寫幾題留到下一局備用。這25道題目的答案不能一樣且必須介於1至25之間。

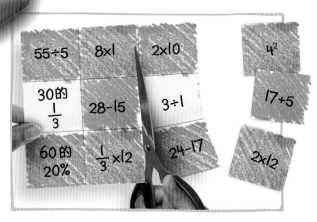

6 用剪刀把步驟4和步驟5寫出的題目剪下來，然後對摺，放入鞋盒或其他類似的容器裡。

發牌員念完後要把題目放到一邊，以免重複取用。

7 給每位玩家一組圓片和一張賓果卡。請一位朋友當「發牌員」，負責從盒子裡抽出題目並念出來。

1	2	3	4	●
6	7	8	9	10
11	12	●	14	15
16	17	18	19	20
21	22	23	24	25

如果你贏了，必須證明你算出的答案都是正確的！

8 發牌員每念一道題目，玩家要立刻算出答案，並用塑膠圓片把賓果卡上與答案一樣的數字蓋住。

1	2	3	4 ●
6	7	8	●
11	12	●	14 ●
16 ●	18	19 ●	
22	23	24	●

9 對照右邊的範例，了解怎樣計算得分。有人獲得15分時，遊戲就結束了。

真實世界中的數學
賓果遊戲機

賓果遊戲裡有個重點：號碼必須是隨機抽中，因此遊樂中心會使用右側這種可透視的賓果遊戲機。圓筒裡裝著號碼球，轉動把手時圓筒會跟著轉動並混合號碼球，然後隨機抽出一顆，讓它掉到下方的軌道上。

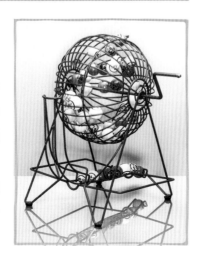

賓果遊戲計分方法

這個版本的賓果遊戲有兩種得分的方式：蓋住的數字連成一直線或一橫線，或是連成對角線。橫線或直線每一條可得5分，一條對角線可得10分，最快得到或超過15分的人就是贏家！

●	●	3	4	5
●	7	8	●	10
●	12	13	14	15
●	17	●	19	20
●	22	23	●	25

直線：5分

1	2	3	●	5
●	●	●	●	●
11	12	13	14	15
16	●	18	19	20
●	22	●	24	●

橫線：5分

●	●	3	4	●
6	●	8	●	10
11	12	●	14	15
16	●	18	●	20
●	22	23	●	●

對角線：10分

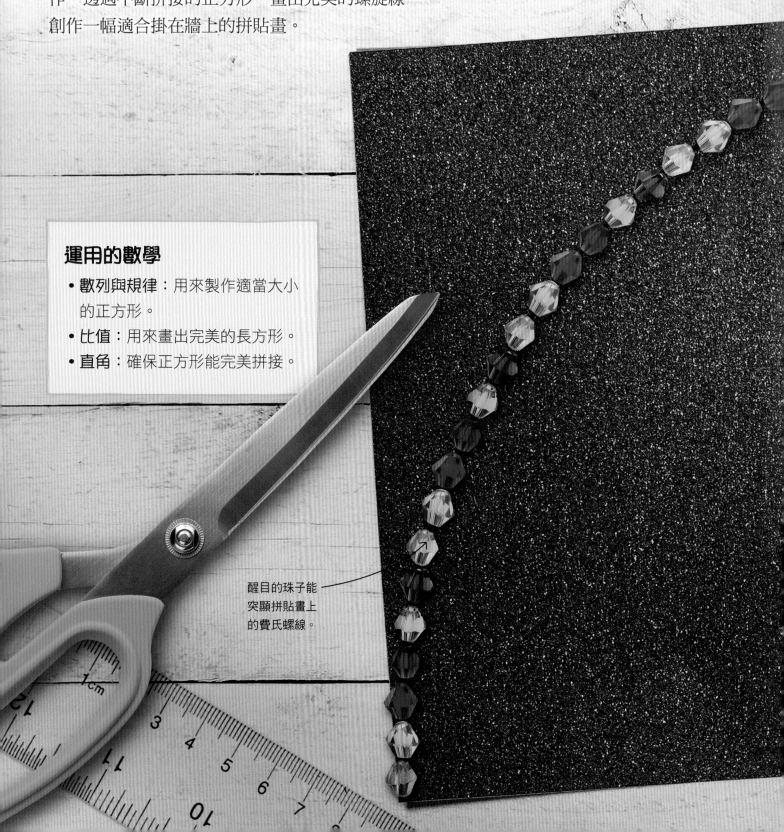

特殊的數列
費氏螺線拼貼

跟著達文西的腳步，運用費氏數列創造出獨特的傑
作。透過不斷拼接的正方形，畫出完美的螺旋線，
創作一幅適合掛在牆上的拼貼畫。

運用的數學

- **數列與規律**：用來製作適當大小
  的正方形。
- **比值**：用來畫出完美的長方形。
- **直角**：確保正方形能完美拼接。

醒目的珠子能
突顯拼貼畫上
的費氏螺線。

如何製作
費氏螺線拼貼

這項活動的關鍵是運用一組規律的數字，也就是「費波那契數列」，製作一組大小適宜的正方形，用來拼組模板。費波那契是八百多年前的義大利數學家，發現了大自然中常見的一個數列。

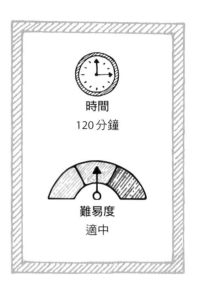

時間
120分鐘

難易度
適中

需要的東西

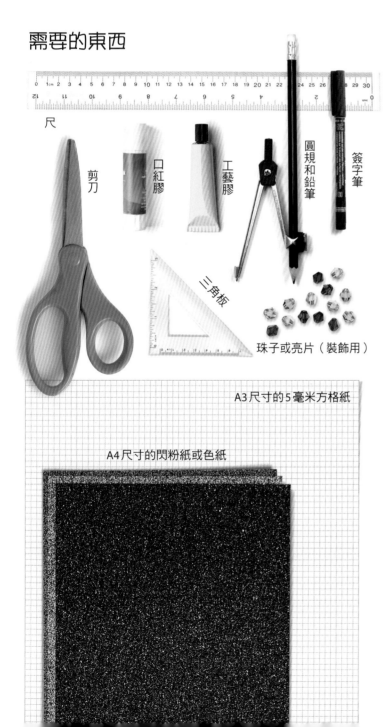

尺

剪刀

口紅膠

工藝膠

圓規和鉛筆

簽字筆

三角板

珠子或亮片（裝飾用）

A3尺寸的5毫米方格紙

A4尺寸的閃粉紙或色紙

費波那契數列

費波那契數列簡稱「費氏數列」，其中的每個數都是前兩個數的和。

$$1 + 1 = \boxed{2}$$
$$1 + 2 = \boxed{3}$$
$$2 + 3 = \boxed{5}$$
$$3 + 5 = \boxed{8}$$
$$5 + 8 = \boxed{13}$$
$$8 + 13 = \boxed{21}$$
$$13 + 21 = \boxed{34}$$

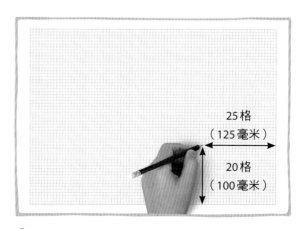

25格
（125毫米）

20格
（100毫米）

1 在A3尺寸的5毫米方格紙上，找到距離右邊25格、距離底邊20格的位置，用鉛筆做記號。

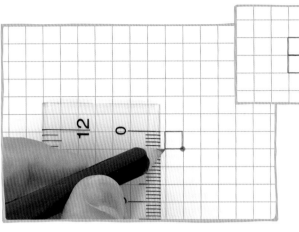

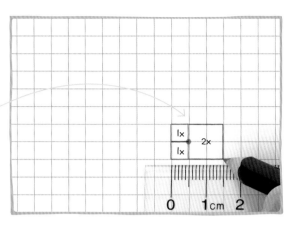

依照費氏數列的規則，計算出下一個正方形的邊長為幾個格子。

2 在記號左上方描出1×1的正方形，也就是邊長為1個長度單位。在這個正方形下面再描一個相同大小的正方形，讓記號位於兩個正方形之間。

3 在剛才描好的正方形右邊，描出2×2的正方形。圖中的x代表長度單位，如1x為1個長度單位，2x為2個長度單位。

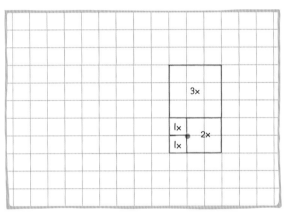

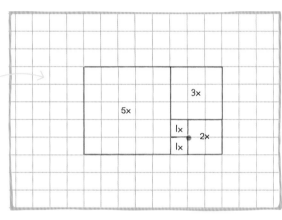

每增加一個正方形，都能形成一個更大的長方形。

4 費氏數列中接下來的數是3，在步驟3畫出的圖形上面接著描出3×3的正方形。

5 接下來的數是5，在步驟4的圖形左邊描一個5×5的正方形。

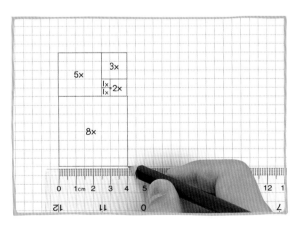

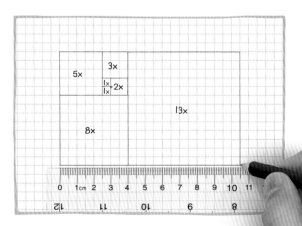

6 接下來是8，在步驟5的長方形下面緊接著描一個8×8的正方形。

7 再來是13，在長方形的右邊描一個13×13的正方形。

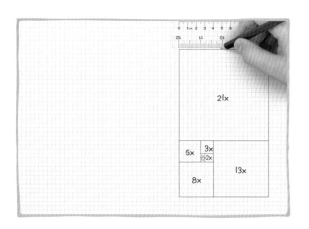

8 然後是21，在長方形的上面緊接著描一個21×21的正方形。

以費氏數列畫出的費氏矩形很特別，長和寬的比值會一直保持黃金比例1.6。

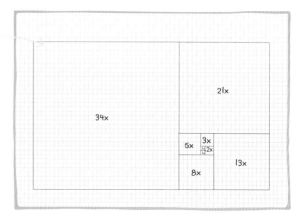

9 下一個數是34，在長方形的左邊描繪一個34×34的正方形。模板完成了！

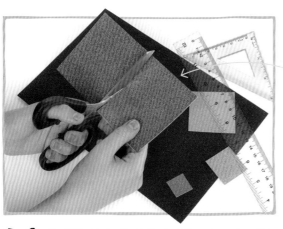

把費氏數列的數乘以5毫米，就能算出各個正方形的邊長。

10 依據方格紙上的正方形大小，在不同顏色的紙上量出同樣的尺寸。利用三角板和尺確保正方形的四個角都是直角。

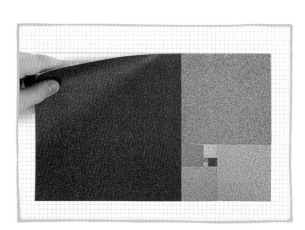

11 把彩色正方形貼到模板上，從最小的正方形開始貼，依序貼到最大，把模板完全覆蓋。最後剪掉多餘的方格紙。

費氏螺線

這是利用費氏數列繪製的螺旋線條。以圓弧將費氏矩形內每個正方形的對角連接起來，就能完成。

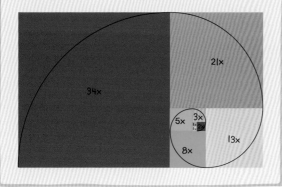

這是步驟1一開始做的記號。

12 圓規打開5毫米，如圖，將尖腳固定在最小的兩個正方形相鄰的角上，畫一個圓弧。

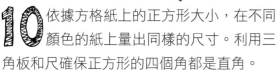

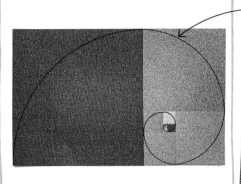

可用鉛筆或
黑色簽字筆
來畫螺線。

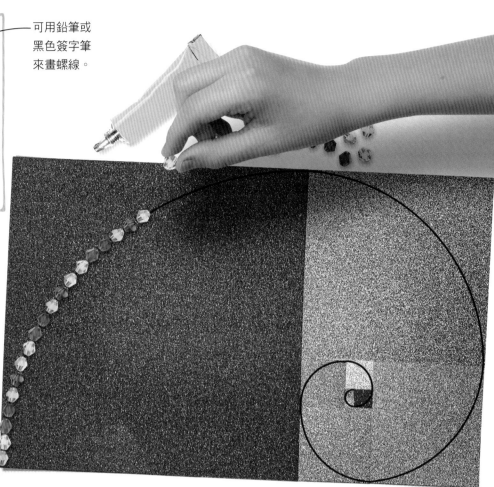

13 重複畫圓弧的步驟。依序把圓規打開的寬度，設定成下一個正方形的邊長，並把尖腳固定在與圓弧相對的直角上，用圓規一段一段畫出螺線。

14 沿著螺線貼上珠子或亮片來裝飾拼貼畫。你能用珠子排出某種規律或數列嗎？

真實世界中的數學

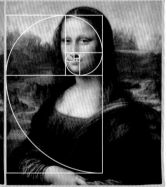

大自然中的費氏數列

費氏數列常出現在大自然裡。毬果和鳳梨的麟片以螺旋排列，螺線上麟片的數目就是費氏數列。很多花的花瓣也常符合費氏數列，如圖中的紫苑花，常見的花瓣數為 34、55 或 89 片，全都是費波那契數列中的數字。

藝術中的黃金比例

費氏數列除了在大自然中出現，也存在藝術世界裡。例如著名的義大利藝術家達文西，一般認為他在作品中運用了大量具有黃金比例的費氏矩形，讓畫作中的比例顯得更加和諧，如上圖所示的《蒙娜麗莎》。

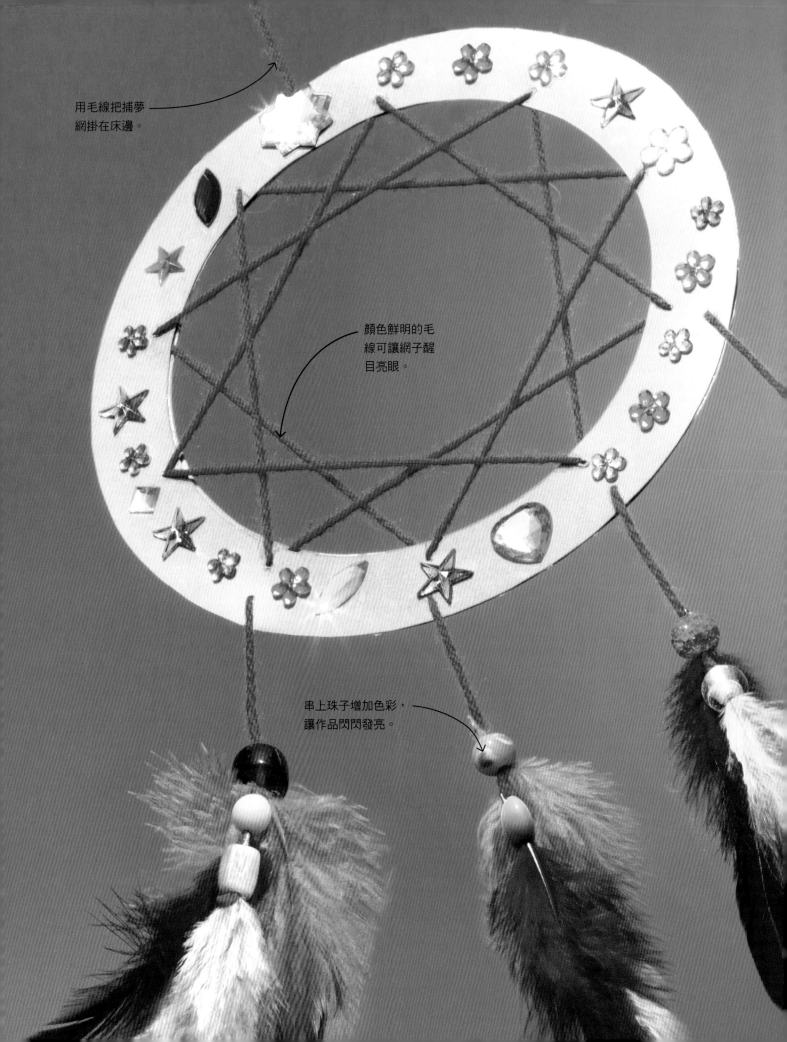

用毛線把捕夢
網掛在床邊。

顏色鮮明的毛
線可讓網子醒
目亮眼。

串上珠子增加色彩，
讓作品閃閃發亮。

乘法吊飾
捕夢網

捕夢網源自美洲原住民，據說可在你睡覺時，為你留住好夢、趕走惡夢。在這項活動中，你將學會如何等分一個圓，並運用乘法表在捕夢網中編出不同的花樣。把作品掛在床頭，好好睡一覺。祝你有個好夢！

好夢會順著羽毛，流向睡眠中的你。

運用的數學

- 乘法表：用來製作不同的花樣。
- 角：可把圓劃分成相等的大小。
- 半徑和直徑：讓你可在圓裡再畫一個圓。

如何製作
捕夢網

製作捕夢網是學習乘法表的好方法，只需要卡紙、毛線、彩色羽毛及裝飾用的珠子就能完成。這裡示範的捕夢網使用 3 的乘法表，但也可運用其他乘法表，編織出不同的花樣。

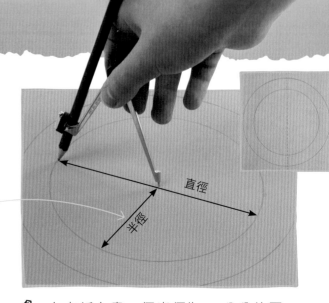

圓的半徑是直徑的一半。

1 在卡紙上畫一個半徑為 10 公分的圓。用同一個圓心，再畫一個半徑為 7.5 公分的小圓，然後畫一條通過圓心的虛線。

時間	難易度
90 分鐘	適中

需要的東西

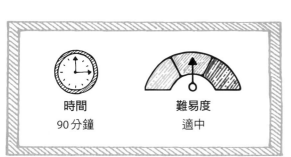

尺

量角器

圓規和鉛筆

剪刀

紅色毛線

萬用黏土

口紅膠

A4 灰色卡紙

膠帶

彩色羽毛

珠子、貼紙或亮片
（裝飾用）

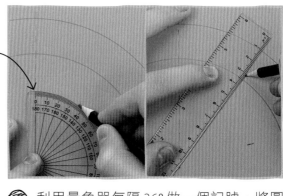

把量角器的中心點對準圓心，0° 線對準虛線。

2 利用量角器每隔 36° 做一個記號，將圓分成十等分。畫線連接記號、圓心和小圓的圓周，最後會形成像輪輻一樣的圖形。

一整個圓

角的測量單位是「度」，寫成符號為「°」，一整個圓為 360°，半圓為 180°，四分之一圓為 90°。

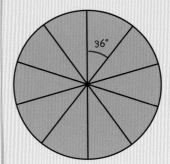

36°

將圓平分成十等分，每一等分為 36°。

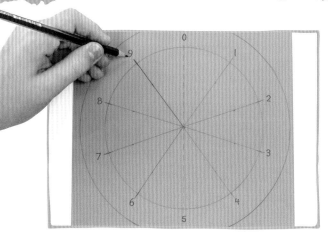

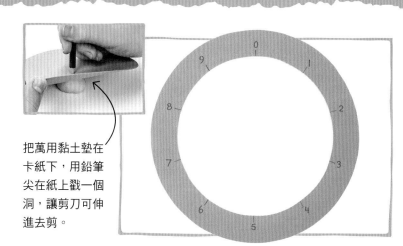

把萬用黏土墊在
卡紙下，用鉛筆
尖在紙上戳一個
洞，讓剪刀可伸
進去剪。

3 在前面畫好的「輪輻」旁邊，依序寫上
數字0到9。從數字0開始，以順時針的
方向繞著圓圈寫。

4 用剪刀小心的剪下大圓，再剪掉裡面的
小圓。然後重複步驟1到4，用卡紙再
做一個環，待步驟10使用。

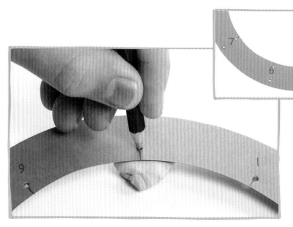

數字4、5、6、7
的下方，各戳一
個洞。

5 用鉛筆和萬用黏土在數字旁戳洞，讓小
洞和內圈相距0.5公分。圓環下方再另
外戳四個洞，在0和1之間也戳一個洞。

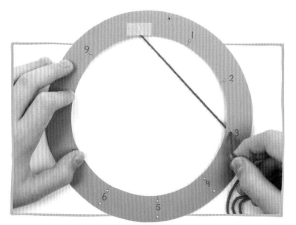

6 由下而上把毛線穿過0號洞，用膠帶貼
住線頭。這個捕夢網依據3的乘法表編
織，所以接下來把毛線拉到3，穿過3號洞。

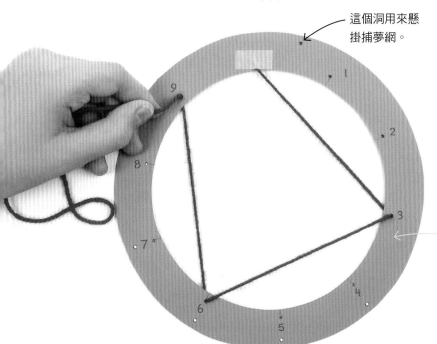

這個洞用來懸
掛捕夢網。

7 這個花樣根據的是3的乘法表，所以
下一個數字是3乘以2，等於6。把毛
線從3號拉到6號，穿過6號洞。接下來計
算3乘以3，把毛線從6號穿到9號。

利用3的乘法表，
算出毛線接下來要
穿過哪個洞。

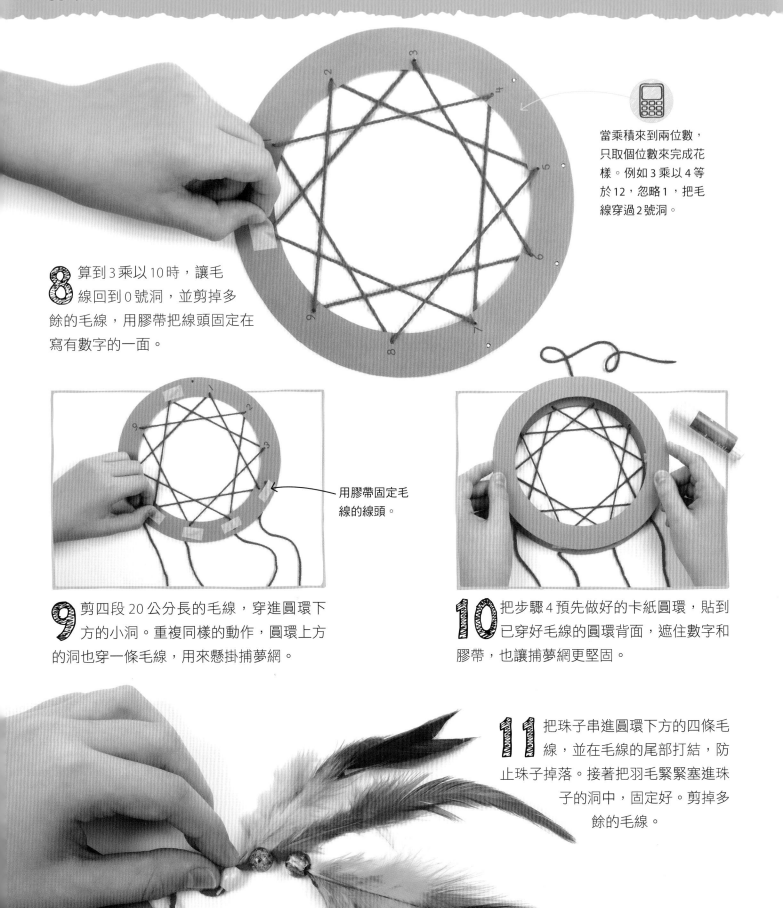

當乘積來到兩位數，只取個位數來完成花樣。例如 3 乘以 4 等於 12，忽略 1，把毛線穿過 2 號洞。

8 算到 3 乘以 10 時，讓毛線回到 0 號洞，並剪掉多餘的毛線，用膠帶把線頭固定在寫有數字的一面。

用膠帶固定毛線的線頭。

9 剪四段 20 公分長的毛線，穿進圓環下方的小洞。重複同樣的動作，圓環上方的洞也穿一條毛線，用來懸掛捕夢網。

10 把步驟 4 預先做好的卡紙圓環，貼到已穿好毛線的圓環背面，遮住數字和膠帶，也讓捕夢網更堅固。

11 把珠子串進圓環下方的四條毛線，並在毛線的尾部打結，防止珠子掉落。接著把羽毛緊緊塞進珠子的洞中，固定好。剪掉多餘的毛線。

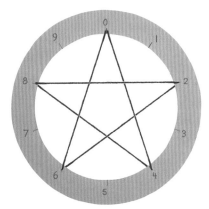

編織花樣

採用不同的乘法表，看看可以編織出什麼花樣。你甚至可以試著結合不同的乘法表，以不同顏色的毛線把它們編織在同一張捕夢網裡。

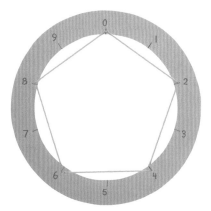

2的乘法表

4的乘法表

鮮豔的羽毛能為捕夢網增添色彩。

7的乘法表

有些乘法表織出來的花樣，會和其他乘法表的相同。例如這個花樣就和3的乘法表的一樣。

12 用貼紙、亮片裝飾捕夢網，或是塗上顏色。完成後就可以掛起來了。

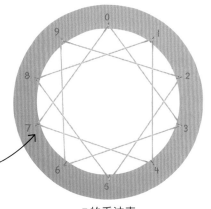

分數盛宴
分享烤披薩

朋友要來家裡做客聚會，何不做些美味的披薩與大家分享？製作麵團和醬汁的過程中，你將學到如何測量食材。披薩烤好後，可利用分數算出每位朋友能分到多少披薩。好好享用！

披薩的大小要切分得一樣，要不然可能會有麻煩！

運用的數學

- 測量：讓食材的比例正確。
- 分數：用來平均切分披薩給朋友。

如何 分享烤披薩

製作披薩是了解分數的好方法，因為你需要把披薩分成大小相同的切片，讓每個人都能享用。以下這份食譜足夠做出兩個披薩，還可以自由添加配料。

時間	難易度	注意！
30分鐘，加上麵團發酵的60分鐘。	容易	很燙！務必要有大人陪同。

製作兩個披薩需要的東西

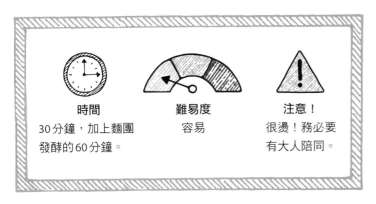

450公克的高筋麵粉

275毫升的水

糖　乾酵母　鹽

兩顆莫札瑞拉起司

紅酒醋

蒜頭　乾羅勒

自選的配料

湯匙和茶匙

新鮮羅勒（非必要）

乾淨的布巾

擀麵棍

400公克的罐頭番茄

攪拌碗

電子秤

披薩烤盤（和烤箱）

食物調理機（果汁機）

1 在450公克的高筋麵粉中，放入各一茶匙的鹽、糖、乾酵母。混合均勻後，在中間撥開一個洞，倒入275毫升的水。

2 用湯匙把水和麵粉攪拌在一起，當攪拌到即將形成麵團時，改用微濕的手繼續混合原料。

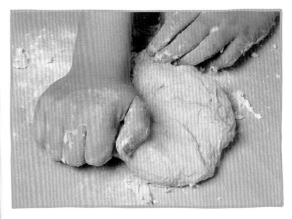

3 在操作檯上撒一些麵粉避免沾黏，把麵團放到檯面上，用手反覆的把麵團推展開來，再揉和在一起，直到麵團變得光滑而不黏手。

麵團膨脹時體
積會變大。

4 把麵團整成球狀，放回攪拌碗裡並蓋上
濕布巾。靜置大約一個小時，或等麵團
變成兩倍大。

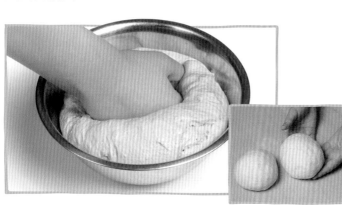

6 掀開攪拌碗上的布巾，一手握拳輕輕按
壓麵團，擠出麵團裡的空氣。接著把麵
團從碗裡倒出來，再揉和一下，然後平分成
兩小團。

5 趁麵團發酵時製作番茄醬汁。把400公
克的罐頭番茄倒入食物調理機，加入一
撮鹽、一些胡椒和乾羅勒、一瓣蒜頭、一茶
匙紅酒醋。請大人幫忙，把調理機裡的配料
打成均勻的醬汁。

蒜頭只需要
去皮，不必
切片。

分數

分數代表整體的一部分。把麵團平分
成兩小團，每團都是大麵團的二分之
一。如果平分成三等分，每一小團就
是大麵團的三分之一。

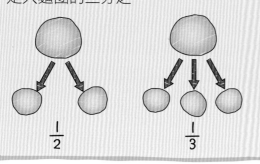

不同地區使用的
溫度單位並不一
樣，分成攝氏和
華氏兩種。

7 烤箱預熱到220℃。在操作檯撒上少
許的麵粉，分別把兩小團麵團都擀成
平坦的圓形。

8 把麵團移到烤盤放好，超出烤盤範圍的邊緣往內摺，烤出的餅皮就會有脆脆的邊。把一半的醬汁塗在麵團上。

9 把一顆莫札瑞拉起司撕成碎片撒在披薩上，再添加洋蔥、義大利臘腸、彩椒等食材。以相同步驟製作第二個披薩。請大人把披薩放進烤箱，烘烤 10 到 15 分鐘。

10 等起司烤到滋滋作響、變成金黃色時，就可以把披薩拿出來。烤箱很燙，記得請大人幫忙。等披薩涼一點，再切開來享用！

你可以把披薩分成兩半，不同半邊各放一種不同的配料，這樣就有兩種口味了！

切披薩

把披薩平分給朋友，是了解分數很好的方法。

1 如果披薩要分給三個人，每人一片，那麼要分成三等分。1 除以 3 是 $\frac{1}{3}$，所以披薩分成了三個三分之一。

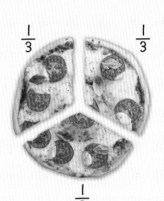

$\frac{1}{3}$　$\frac{1}{3}$　$\frac{1}{3}$

$$1 \div 3 = \frac{1}{3}$$

2 如果又來了三位朋友，這三個人也想吃一片披薩，就得把披薩平分成六等分。1 除以 6 是 $\frac{1}{6}$，所以披薩分成了六個六分之一。分數下面的數字愈大，切出的每片披薩就愈小。

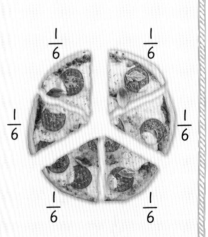

$\frac{1}{6}$　$\frac{1}{6}$　$\frac{1}{6}$　$\frac{1}{6}$　$\frac{1}{6}$　$\frac{1}{6}$

$$1 \div 6 = \frac{1}{6}$$

如果喜歡，可以用新鮮的羅勒葉來點綴披薩。

圖形

圖形就好比數學裡的積木，可用來創造各種奇妙的物件。在這一章中，你將透過製作相片集錦球，看到平面圖形如何摺成立體形狀，還能利用蓋印的手法製作重複的圖樣，並運用鑲嵌圖案創作美麗的作品。另外，你還會探索好玩的摺紙，製作會彈跳的紙青蛙及栩栩如生的立體卡片。

鏡像
對稱的圖案

「對稱」的圖案讓人覺得好看、美觀，例如圖案從中切成兩半時，彼此互為反射的影像，就是一種對稱。在這項活動中，你會運用兩種不同的方法製作兩種對稱圖案，並學習使用網格坐標來創作作品。

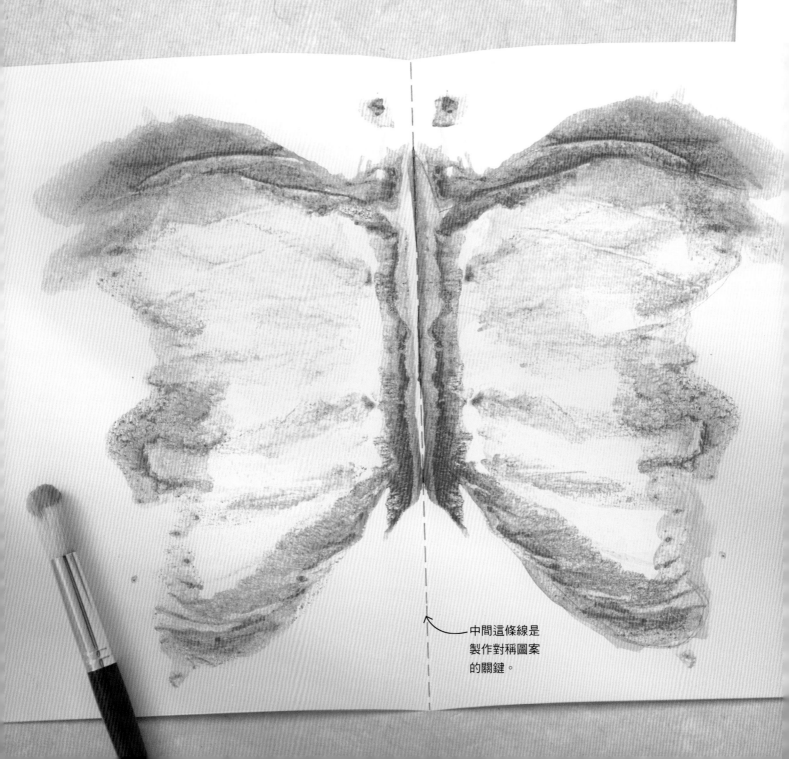

中間這條線是
製作對稱圖案
的關鍵。

利用坐標，可以精準
的畫出反射圖案。

如何創作
對稱的圖案

這項活動運用「線對稱」創作兩張圖畫。第一張需要很多顏料。第二張需要一點技巧，你得先繪製網格，或看看手邊有沒有方格紙可派上用場。

時間
120分鐘

難易度
適中

需要的東西

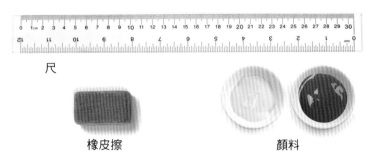

尺

橡皮擦

顏料

白紙

色鉛筆

簽字筆

水彩筆

鉛筆

活動 1

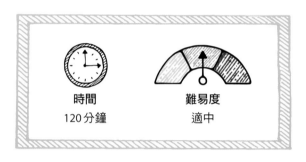

1 把一張紙對摺後再展開，用鉛筆和尺沿著紙張中間的摺痕，由上而下畫出一條直直的虛線。

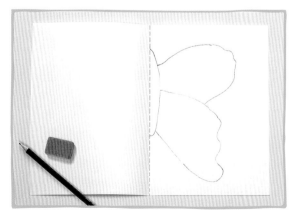

2 在虛線區分的兩半邊中，選擇一邊，用鉛筆在上面輕輕勾畫出半隻蝴蝶。

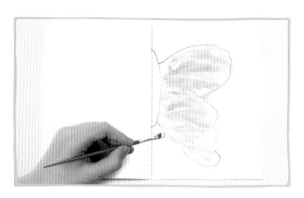

3 拿一張紙墊在圖畫下面，用顏料為蝴蝶上色。顏料要塗得多一點，接下來把紙對摺時，才能把圖案轉印到另外半邊上。

中間這條線叫「對稱軸」或「對稱線」。

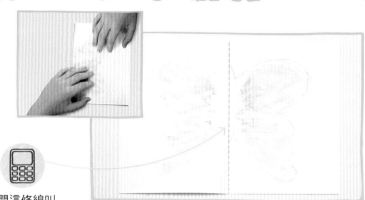

4 把紙對摺，輕輕按壓後展開紙張，你會看到剛剛畫的半邊蝴蝶轉印到紙的另一邊，形成了對稱的圖案。

5 重複步驟3為蝴蝶塗上不同的顏色，增加細節。然後把紙對摺、按壓紙張，讓顏料轉印到另一邊。

線對稱

線對稱圖形是指畫一條線把圖形分成兩半時，這兩半彼此互為鏡像，而這條線稱為「對稱軸」。對稱軸可能朝任何方向，不一定垂直或水平。有些圖形具有多條對稱軸，有些圖形完全不對稱。

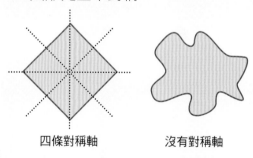

四條對稱軸　　　　沒有對稱軸

6 把紙張展開，你會看到增加的細節「反射」到摺痕的另一邊了，就好像照鏡子一樣。

這隻蝴蝶有一條對稱軸。

活動 2

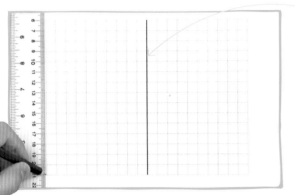

這條直線是網格的 y 軸，也會是圖形的對稱軸。

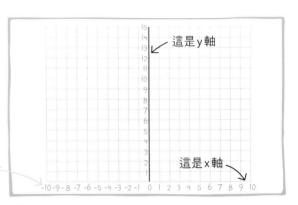

位在 0 左邊的數字是負數。

1 用鉛筆在紙上畫出 20×15 公分的長方形，四個邊上每隔 1 公分做一個記號，然後以直線連接記號，畫出網格。網格正中間由上而下畫一條比較粗的直線。

2 網格最底下為 x 軸，由左至右編號，寫上從 -10 到 10 的數字。直向的 y 軸也要編號，從 0 開始往上寫到 15。

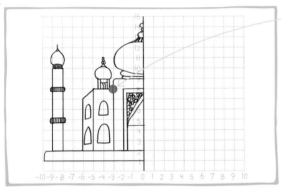

這個頂點的坐標是（-3,8）。

在對稱軸另一邊相對應的點上，把負數坐標 -3 改成正數 3。

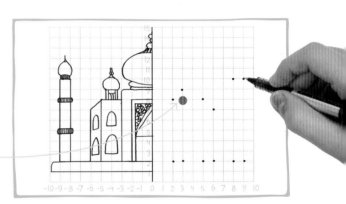

3 在 y 軸左側畫出建築物的半邊，盡量沿著網格畫。圖形線條交會的位置叫「頂點」，利用網格的編號找出頂點的坐標。

4 找出各個頂點在對稱軸另一側的相對位置，並把坐標的第一個數字從負數改成正數。在 y 軸另一側把這些坐標都標出來。

坐標

用來指示地圖或網格上特定位置的一組數字。坐標寫在括號裡，第一個數字對應 x 軸上的位置，第二個數字對應 y 軸，中間以逗號隔開。

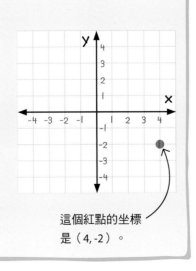

這個紅點的坐標是（4,-2）。

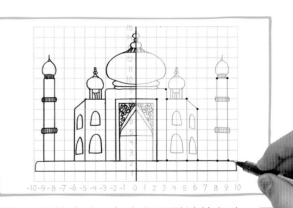

5 用鉛筆畫線，把各個頂點連接起來，再加上各種細節。滿意後，以黑色簽字筆把鉛筆線條描黑。

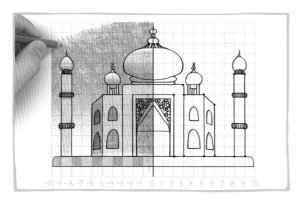

6 用不同顏色的色鉛筆或彩色筆，把左半邊的圖案塗上顏色。可用相同顏色的不同色調，在圖片上畫出具規律的有趣圖樣，例如以深綠色搭配淺綠色。

y 軸左邊的這個方格是淺綠，右邊相對應的方格也必須塗成淺綠。

7 接下來，找出與左半邊圖樣相對應的方格，仔細把色彩複製到對稱軸的右邊。利用坐標，找出對稱的每個方格裡該塗上什麼顏色。

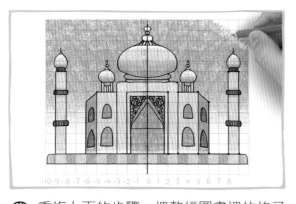

8 重複上面的步驟，把整幅圖畫裡的格子一一塗上顏色。想想看，還有什麼圖像適合做成對稱圖案？

真實世界中的數學
建築中的對稱

建築物常採用對稱的設計，這不只因為對稱設計可強化結構，也因為我們的眼睛和大腦容易受到對稱圖形的吸引。法國巴黎艾菲爾鐵塔的整體造型，以及金屬結構上交錯的圖樣，都是對稱的。

旋轉對稱

物體繞著某個點旋轉一個角度後，若與原來的圖形一樣，稱為「旋轉對稱」，而旋轉點稱為「旋轉中心」。物體旋轉一圈與原來圖形重合的次數，則稱為旋轉對稱的「重數」。

這是旋轉中心。

1 這個螺旋槳具有旋轉對稱，為了顯示它的重數，把其中一片扇葉的末端標為黃色。

2 旋轉螺旋槳，讓它與步驟 1 的形狀重合。你會發現扇葉的黃色末端繞著旋轉中心轉。

3 繼續轉到黃色末端返回上方。這個螺旋槳旋轉一圈，與原來的形狀重合三次，所以是三重旋轉對稱。

多變的多邊形
相片集錦球

這個奇特的形體並不是真正的球，而是十二面體，是由12個五邊形組合而成的立體圖形。可用來展示相片，也可以成為很棒的禮物。在每一面放一張喜歡的照片吧！總共可放12張。

運用的數學

- **平面圖形**：用來製作相片集錦球的各個面。
- **立體圖形**：以平面多邊形組合而成的形體。
- **角**：用來劃分圓周，製作五邊形樣板。

每一面貼上一張相片，一顆相片集錦球有12張相片。

每一面都是平面
圖形，但組合在
一起就成了立體
結構。

如何製作
相片集錦球

這項活動從製作樣板開始，務必仔細測量，因為會影響成品的大小。立體圖形組裝完成後，用照片來裝飾。這裡示範的是寵物相片，也可用旅遊照片，或依興趣選擇任何主題。

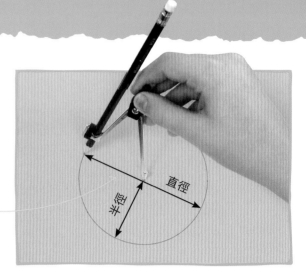

直徑把圓從中間分成兩半，半徑是圓周到圓心的距離。

1 圓規打開 3 公分的寬度，在 A4 卡紙上畫一個圓。圓的半徑會是 3 公分，直徑就是 6 公分。

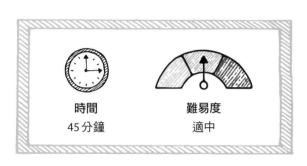

時間	難易度
45 分鐘	適中

需要的東西

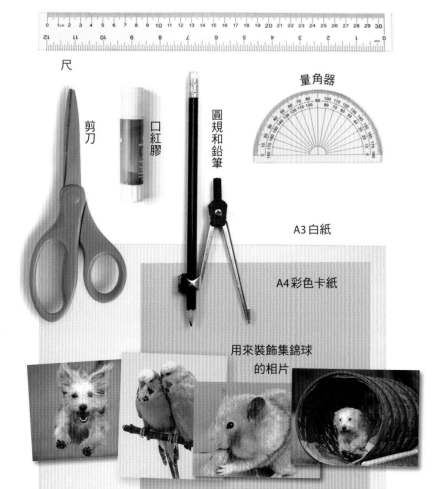

尺

剪刀

口紅膠

圓規和鉛筆

量角器

A3 白紙

A4 彩色卡紙

用來裝飾集錦球的相片

360 除以 5 等於 72，每隔 72° 做記號會形成一個五邊形。

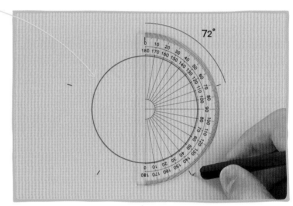

72°

2 量角器的中心對準圓心，從圓的上方開始，在 0°、72°、144°、216°、288° 等角度上做記號。會需要適時轉動量角器。

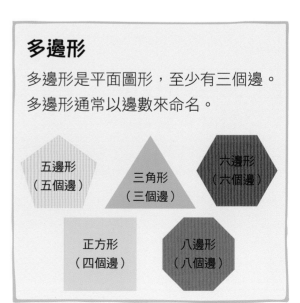

多邊形

多邊形是平面圖形，至少有三個邊。多邊形通常以邊數來命名。

五邊形（五個邊）

三角形（三個邊）

六邊形（六個邊）

正方形（四個邊）

八邊形（八個邊）

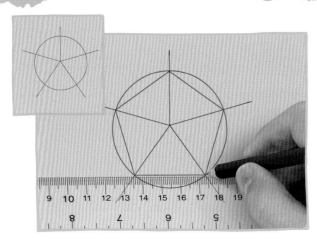

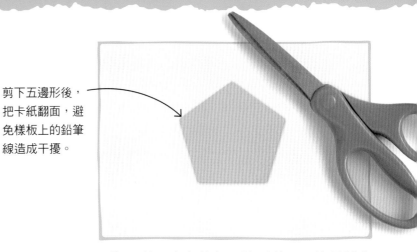

剪下五邊形後，把卡紙翻面，避免樣板上的鉛筆線造成干擾。

3 用尺畫線，連接圓心與剛才用鉛筆做的五個記號。接下來，把這五條線與圓周的交點用直線連接起來，畫出五邊形。

4 用剪刀小心的把五邊形剪下。這是製作相片集錦球的樣板，一定要格外注意，每個邊都要剪得整齊、筆直。

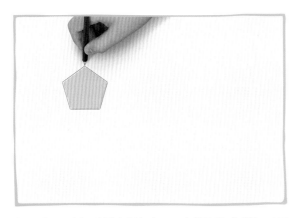

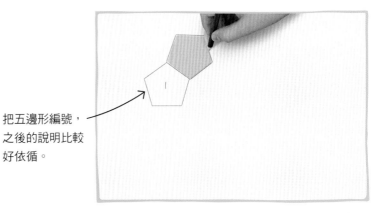

把五邊形編號，之後的說明比較好依循。

5 把五邊形樣板放在 A3 紙張的左邊，五個邊的周圍至少保留 8 公分的空間。然後用鉛筆沿著邊描出形狀，編號為1。

6 把樣板移到畫好的形狀右上方，繼續描繪五邊形，編號為 2。第二個五邊形的左下和第一個五邊形的右上共用同一個邊。

7 從 2 號五邊形開始，以逆時針方向沿著中間的五邊形，繼續描繪更多五邊形並編號，直到畫出六個相接的五邊形。

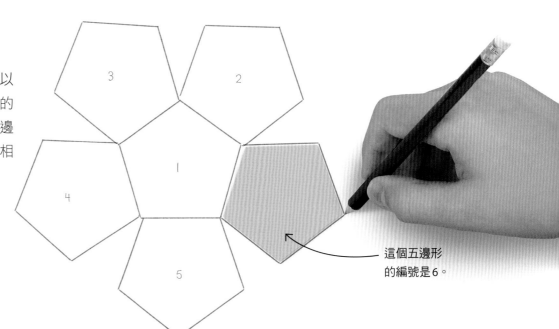

這個五邊形的編號是6。

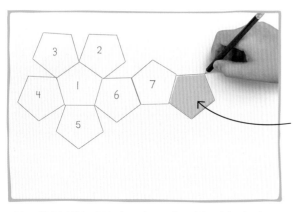

這個五邊形
的編號是8。

8 繼續增加圖形。在6號五邊形右方畫一
個新的五邊形並編號為7。然後在7號
五邊形右方,再畫一個8號五邊形。

多面體

由多邊形構成的立體圖形。下圖中的
五個多面體,每一面都擁有相同的形
狀和大小,稱為「正多面體」。

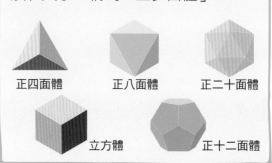

正四面體　　　正八面體　　　正二十面體

　　　　　立方體　　　　正十二面體

9 以8號五邊形
為中心再畫四
個五邊形,並且編
號。最後得出的圖
案會和步驟7完成
的圖案一樣。

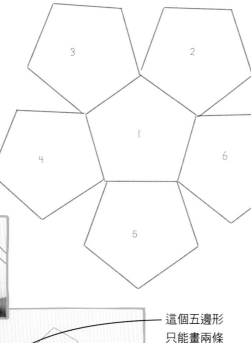

這個五邊形的
編號是12。

10 從2號五邊形的右下方開始,按照逆
時針的方向,在2至6號五邊形的邊
上畫出一道0.5公分寬的黏貼邊,每畫三邊
就留空一次。

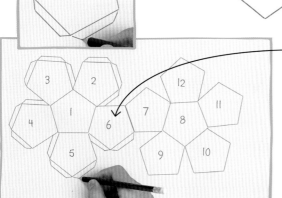

這個五邊形
只能畫兩條
黏貼邊。

這個展開圖摺起
來後,會形成一
個十二面體。

11 在7號五邊形右上方畫出黏貼邊,
按照順時針方向,隔三個邊不畫,
然後在12號五邊形右下畫出黏貼邊。重複
步驟,畫到9號五邊形為止。

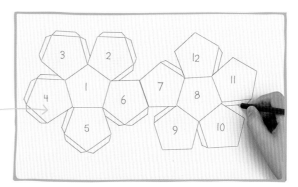

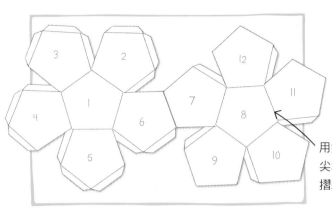

用鉛筆的筆
尖和尺沿著
摺線刻劃。

12 把整張展開圖剪下，黏貼邊和相鄰的五邊形之間也要剪開，小心不要剪破五邊形。沿著鉛筆線刻劃出摺痕。

13 把展開圖翻面，藏起鉛筆線。利用五邊形樣板剪下寵物或家人的相片，在每一個五邊形上貼一張相片。

15 沿著刻劃的線摺出立體形狀。把黏貼邊黏在五邊形下方，用力按壓黏緊。

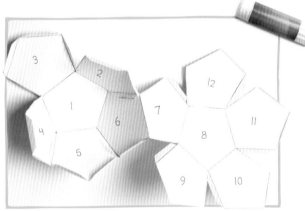

14 再把展開圖翻回來，沿著刻劃的線條摺，讓黏貼邊立起。然後把每條黏貼邊都塗上口紅膠。

這個面要與下方
的黏貼邊黏緊。

真實世界中的數學
足球

圓球狀的立體圖形叫「球體」，只有一個面。不過足球是用五邊形和六邊形兩種多邊形，縫合出圓滑的面。

紙的包裝
包裝紙和禮物袋

大家都喜歡收到包裝精美的禮物，或在聚會後拿到一袋伴手禮。包裝紙或袋子上如果有手工印製的圖案，保證讓朋友印象深刻。藝術家常運用數列的概念進行設計，你也可以跟他們一樣，運用重複的圖樣來裝飾包裝紙。

製作精美的禮物袋，裝入朋友最喜歡的物品。

何不做一個搭配的禮物小吊牌？

運用的數學

- **重複的圖樣**：用來裝飾包裝紙和禮物袋。
- **角**：可精準的摺好禮物袋。
- **測量**：量出包裝紙、袋子和提把的形狀與尺寸。

如何 印製包裝紙

這項活動利用馬鈴薯雕刻圖章，然後塗上顏料，在包裝紙上蓋印圖樣。這裡示範的是以魚做為圖章的圖案，但也可以選用任何你喜歡的形狀。記得多準備一些紙，用來製作禮物袋會很有趣。

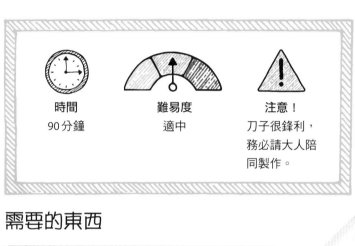

時間
90 分鐘

難易度
適中

注意！
刀子很鋒利，務必請大人陪同製作。

需要的東西

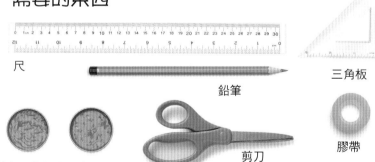

尺

鉛筆

三角板

藍色和綠色的壓克力顏料

剪刀

膠帶

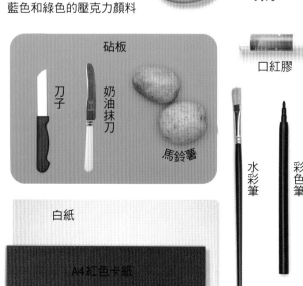

砧板

刀子

奶油抹刀

馬鈴薯

水彩筆

彩色筆

口紅膠

一卷或一大張牛皮紙

白紙

A4 紅色卡紙

製作包裝紙

1 請大人幫忙，用刀子在砧板上把生的馬鈴薯切成兩半。

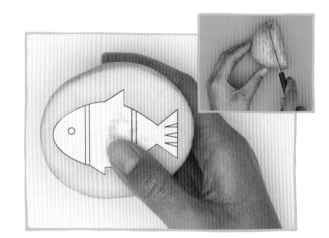

2 在紙上畫一條魚剪下，放在馬鈴薯上。請大人幫忙，在距離切面約 0.5 公分厚的地方，用刀子將紙樣周圍大致切開。然後順著紙樣的邊緣刻，深度也是 0.5 公分。先把紙樣邊緣刻劃出來會比較容易處理。

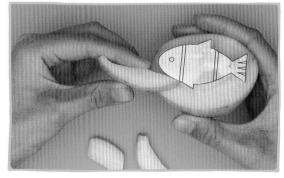

3 用手剝掉已鬆動的馬鈴薯，留下魚的形狀。重複步驟 1 到 3，在另半邊的馬鈴薯上再刻一條魚，讓魚的方向相反。

4 用奶油抹刀在魚的身體和尾巴上刻出條紋，再用鉛筆尖挖出魚眼睛。蓋印用的圖章做好了。

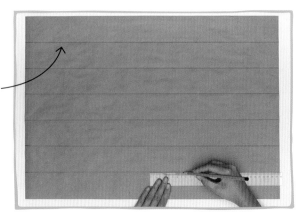

這些線是蓋印時的輔助線。

5 量出馬鈴薯圖章的寬度。在牛皮紙左右兩邊，每隔一個圖章寬度的地方做個記號。用尺和筆，以淡淡的橫線連接記號。

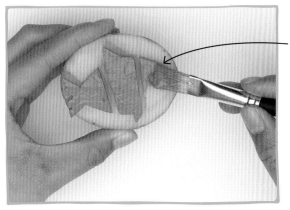

圖章上不要刷太多顏料，免得細節出不來。

6 壓克力顏料加少許的水調和，為馬鈴薯圖章刷上顏料。每蓋印兩三次，會需要重新刷上顏料。

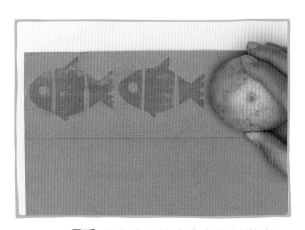

7 從牛皮紙的左上角開始蓋章，印出圖案。把第一排印滿，讓整排都是藍色的魚圖樣。

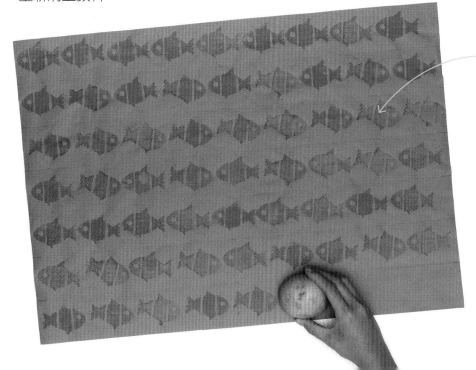

圖案可直向、橫向或斜斜的重複，也可以像左圖一樣，每間隔幾行重複一次。

8 逐行蓋印，把整張牛皮紙都印滿。可適時更換顏料的顏色或改用另一個圖章，設計出有趣的圖樣。這裡利用兩個不同的魚圖章，以及藍、綠兩種顏料，但你可以憑喜好選用任何組合。完成後靜置，等顏料晾乾。

製作禮物袋

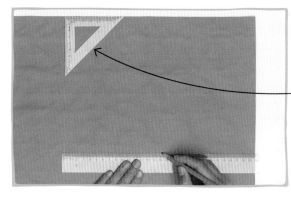

用三角板確認四個
角都是直角，再用
剪刀剪下長方形。

1 用尺和鉛筆在印好圖樣的包裝紙背面，
量出一個寬 21 公分、長 30 公分的長方
形，用剪刀剪下。

重複的圖樣

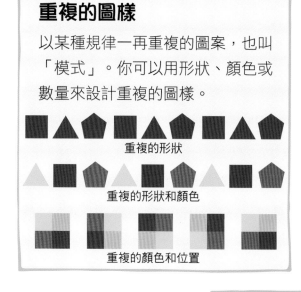

以某種規律一再重複的圖案，也叫
「模式」。你可以用形狀、顏色或
數量來設計重複的圖樣。

重複的形狀

重複的形狀和顏色

重複的顏色和位置

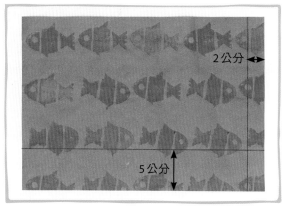

2 公分

5 公分

2 用鉛筆在距離紙張右邊 2 公分的地方，
輕輕畫一條直線，距離底邊 5 公分的地
方畫一條橫線。

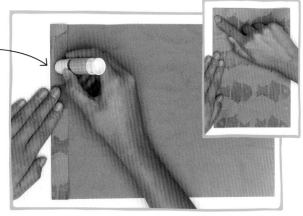

口紅膠塗在印有
圖案的一面，把
紙張的左右兩邊
黏合。

3 沿著 2 公分處的直線摺出一條黏貼邊。
把紙張翻面，在黏貼邊塗上口紅膠。將
紙張右邊拉過來，對齊黏貼邊後對摺黏合。

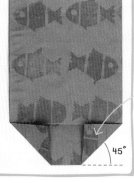

45°

兩個角以 45°摺起，
形成兩個三角形。

4 沿著步驟 2 中距離底邊 5 公分的橫線，
把紙張往上摺起再攤平，再把底部兩個
角往上摺，讓邊緣對齊鉛筆線並壓出摺痕。

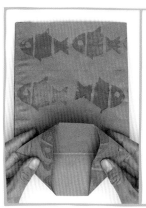

5 如圖，從摺痕處打開袋子底部，把紙張
的兩邊往中間壓。壓平邊緣後會形成兩
個大大的三角形。

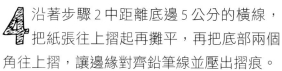

這些 90° 直角
是摺出來的。

以膠帶將重疊
的部分黏合。

6 把底部的邊往上摺，讓邊緣對齊三角形的中線。上半邊則往下摺，與底部重疊大約 0.5 公分。

7 將紙袋轉 90°，把兩個長邊往內摺，讓袋子的底部形成方正的直角。壓出摺痕後重新展開。

摺痕讓袋子形成
立體的形狀。

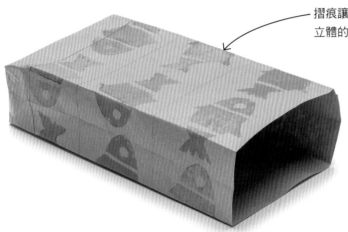

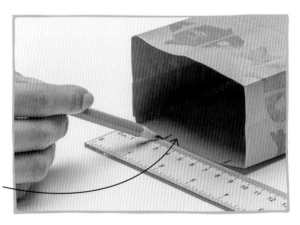

在袋子的內
側做記號。

8 打開袋子將手伸進去，小心撐開袋子底部，沿著摺痕將底部撐開成立體狀。

9 在開口的長邊、距兩側 2 公分的地方，以鉛筆做記號，這是黏貼提把的位置。

在 3 公分處，用
三角板畫出與橫
線垂直的線。

黏貼之前，只在一端
塗上口紅膠。

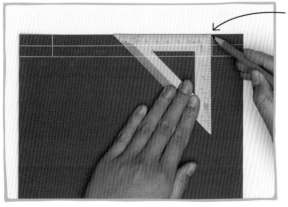

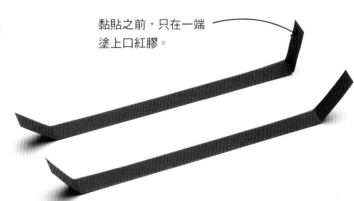

10 接著製作提把。在彩色卡紙上畫出兩條 21×1 公分的長條，並在距離左右兩端各 3 公分的地方畫一道直線。

11 剪下兩條長方形紙條，沿著鉛筆線摺出摺痕，做成黏貼邊，並在黏貼邊的其中一端塗上口紅膠。

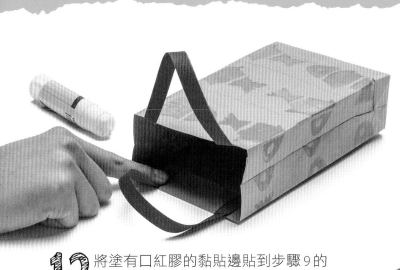

12 將塗有口紅膠的黏貼邊貼到步驟9的鉛筆記號上，用力按壓。然後扭轉一下紙條，把黏貼邊的另一端黏貼到另一側的記號上。接著把袋子翻面，重複同樣的步驟，將另一條提把貼好。

13 把提袋立起，裝入禮物，就能送給朋友了。何不多做一些袋子，統統裝入禮物，在聚會結束時發送給大家呢？

交替出現的魚圖案讓袋子看起來很時尚。

真實世界中的數學
印花布

把顏色和圖樣印到布料上就成了「印花布」。想在布料上印出重複的圖樣有許多方法，像是滾筒印花、木版印花、型版印花、絹印等。

巨大的圖像
按比例放大

用「網格」來放大圖像很方便，既精準又能維持比例，甚至能將
作品放大到可掛在牆上。選好圖像，準備放大吧！

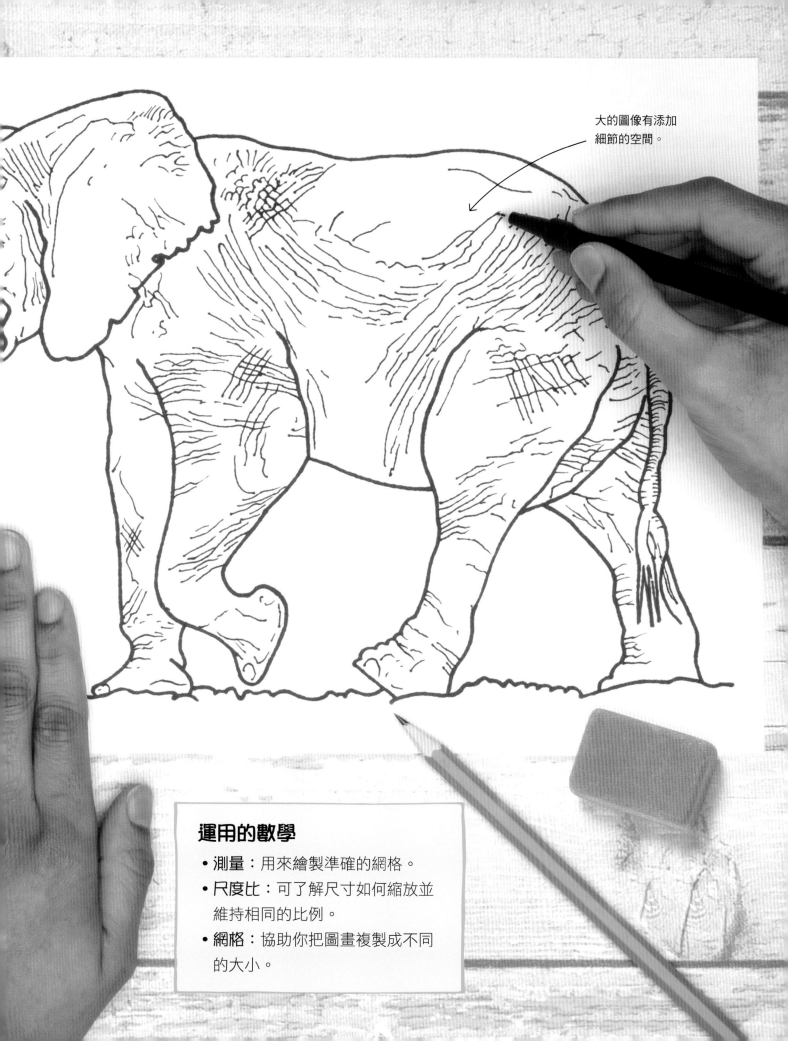

大的圖像有添加
細節的空間。

運用的數學

- **測量**：用來繪製準確的網格。
- **尺度比**：可了解尺寸如何縮放並
  維持相同的比例。
- **網格**：協助你把圖畫複製成不同
  的大小。

如何 按比例放大

進行這項活動，需要兩個尺度不同的網格。這兩個網格的尺度差異愈大，完成的圖像大小差異也會愈大。你可以從書上找一張圖片當作「原圖」，利用描圖紙畫上網格。只要把描圖紙夾在或貼在書上固定好，就可以開始描繪。

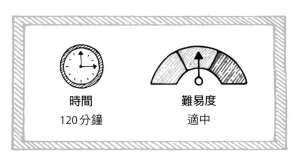

時間
120分鐘

難易度
適中

需要的東西

尺

用來複製的一張圖片

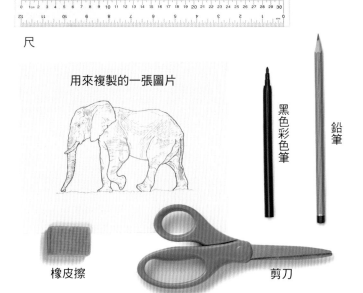

黑色彩色筆

鉛筆

橡皮擦

剪刀

A3白紙

三角板

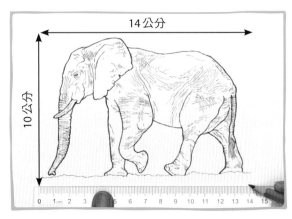

14公分

10公分

1 挑選一張想放大的圖片，用尺量出圖像的長度和寬度。例如上圖的寬度為10公分、長度為14公分。

用三角板確保長方形的四個角都是90°直角。

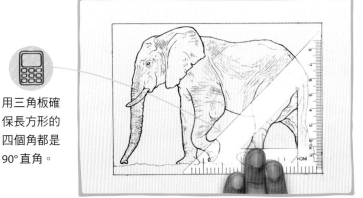

2 在圖像的外圍畫一個長方形（可畫在描圖紙上），圖像四周各留一些空間。

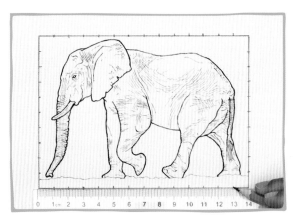

3 用尺和鉛筆沿著長方形的四個邊，每隔1公分做一個記號。例如上圖的上下邊各有14個記號，左右兩邊各有10個記號（最後一個記號省略不畫）。

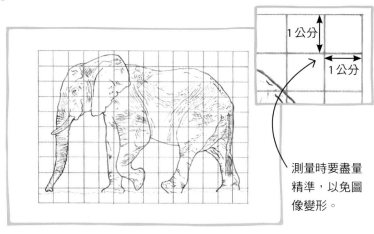

測量時要盡量精準，以免圖像變形。

4 用鉛筆和尺畫直線與橫線連接記號，這樣一來，這張原圖上面會有140個方格構成的網格。

5 沿著左右兩邊，由下而上，把方格編號為1到10，上下兩邊的方格由左到右編碼為A到N，如下圖所示。這些標號是網格的坐標，方便尋找圖像上特定的方格。

圖像上的網格分成幾格都沒關係，但每個方格的大小必須一致。

尺度比

將圖形的尺度放大或縮小，代表圖形是等比例縮放，而尺度比就是放大或縮小的倍數。

原圖

尺度比：2

尺度比：4

尺度比為2，代表每邊的長度變成兩倍。

將原圖放大兩倍，就是尺度比等於2。

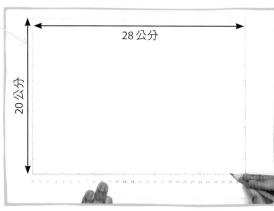

28公分

20公分

6 如果想要把圖像放大兩倍，就把長和寬都乘以2。在空白的A3紙張上畫一個20×28公分的長方形。

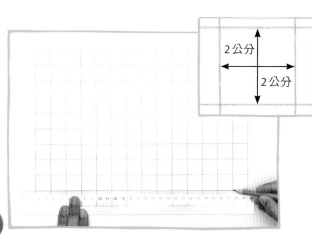

2公分

2公分

7 重複步驟3和4畫一個新的網格。由於尺度比是2，所以新網格內的小方格大小要放大為2×2公分。

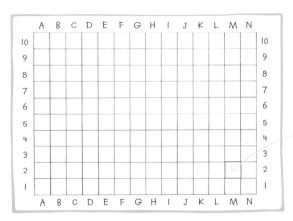

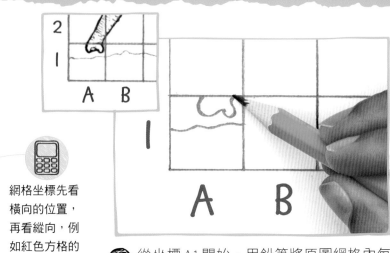

8 重複步驟 5，為直欄和橫排加上網格的坐標，接下來就可以把原圖的大象複製到大的網格上了。

網格坐標先看橫向的位置，再看縱向，例如紅色方格的坐標為 M2。

9 從坐標 A1 開始，用鉛筆將原圖網格內每一個小方格裡的線條，複製到大網格內的相同位置上。

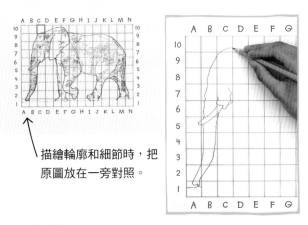

描繪輪廓和細節時，把原圖放在一旁對照。

10 對照網格的坐標，按照順序把方格裡的主要線條畫到大網格上。先一欄一欄的把每個方格裡的輪廓線描繪出來。

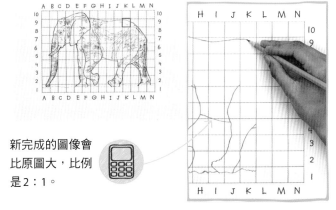

新完成的圖像會比原圖大，比例是 2：1。

11 繼續描繪，把原圖的輪廓完整轉移到大網格上。完成後記得檢查所有的方格，確定沒有漏掉任何線條。

12 接著描繪圖像裡的細節。重複步驟 9 到 11，把小網格方格裡的細節描繪到大網格相對應的位置上。

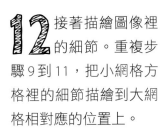

輪廓畫好後，添加細節和特徵就簡單多了。

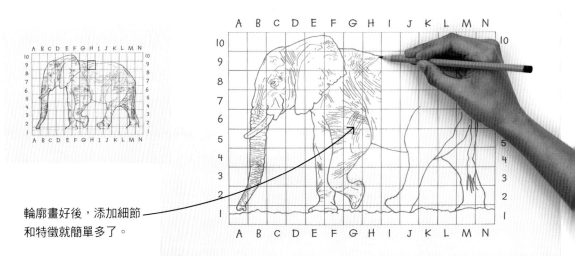

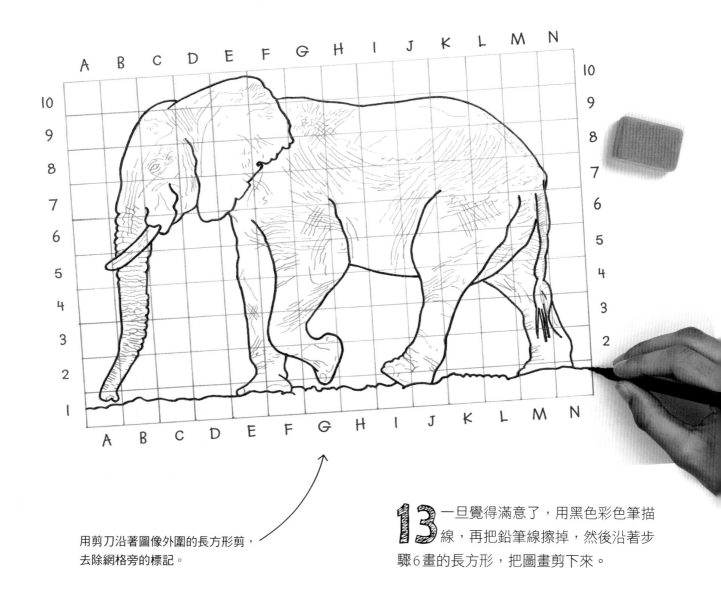

用剪刀沿著圖像外圍的長方形剪，
去除網格旁的標記。

13 一旦覺得滿意了，用黑色彩色筆描線，再把鉛筆線擦掉，然後沿著步驟6畫的長方形，把圖畫剪下來。

立體圖形的縮放

尺度比也可以應用在立體的物件
上。除了長度和寬度之外，高度
也跟著縮放。

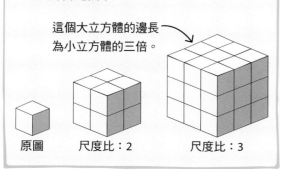

這個大立方體的邊長
為小立方體的三倍。

原圖　　　尺度比：2　　　尺度比：3

真實世界中的數學
迷你娃娃屋

有些玩具會依照真實的物
件，等比例縮小成精細
的模型，例如娃娃
屋。為了讓屋子和
屋內的家具顯得非
常逼真，縮小時必
須保持等比例。

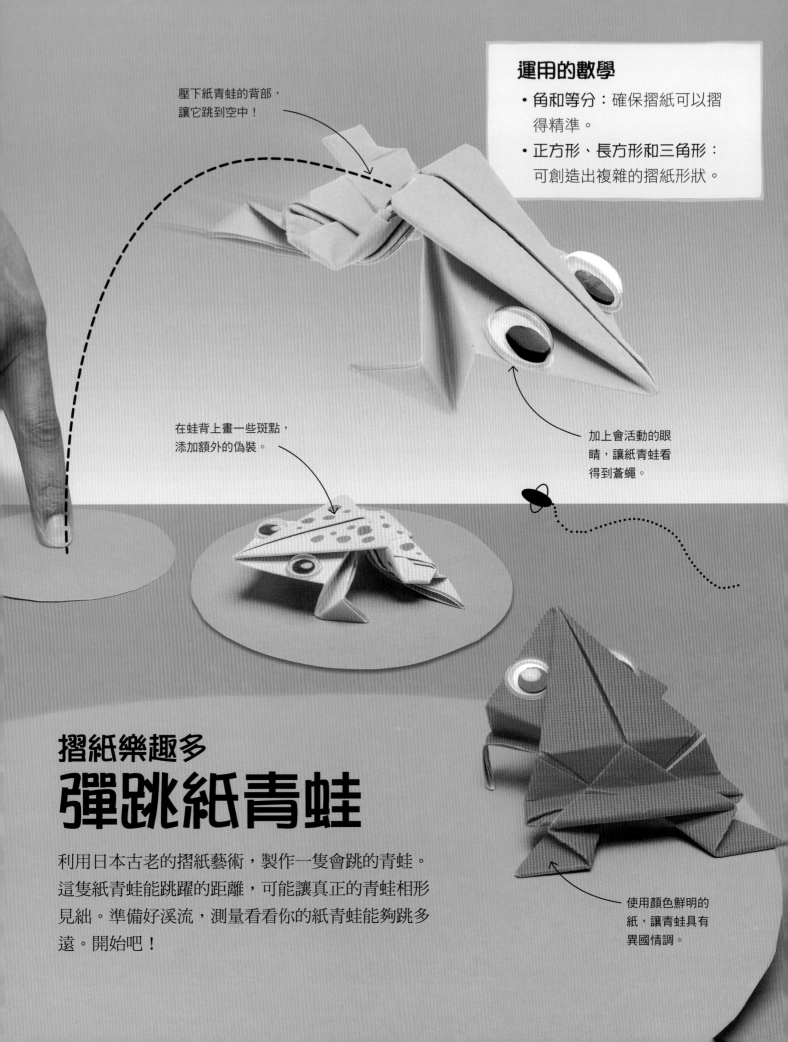

壓下紙青蛙的背部，
讓它跳到空中！

在蛙背上畫一些斑點，
添加額外的偽裝。

加上會活動的眼
睛，讓紙青蛙看
得到蒼蠅。

摺紙樂趣多
彈跳紙青蛙

利用日本古老的摺紙藝術，製作一隻會跳的青蛙。
這隻紙青蛙能跳躍的距離，可能讓真正的青蛙相形
見絀。準備好溪流，測量看看你的紙青蛙能夠跳多
遠。開始吧！

使用顏色鮮明的
紙，讓青蛙具有
異國情調。

如何製作
彈跳紙青蛙

要摺出青蛙，得從正方形的紙開始，步驟1會教你怎麼使用一般的A4紙張製作正方形。也可以到手工藝材料店或文具行，購買摺紙專用的正方形薄紙張。摺紙時，摺痕要精準，青蛙才會端正。

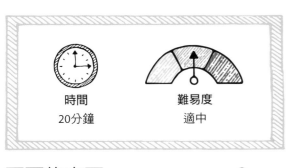

時間	難易度
20分鐘	適中

需要的東西

鉛筆

活動眼睛

剪刀

白膠　　尺

綠色和藍色的A4薄紙張

1 沿著綠色A4紙張的長邊和短邊，在距離邊緣15公分處用鉛筆做記號。沿著記號畫出一個正方形，然後剪下。

手指沿著對摺處壓出工整而明顯的摺痕。

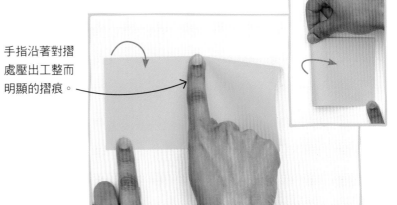

2 把正方形對摺成一個綠色長方形，再對摺成一個小正方形，然後展開，可看到兩個小正方形的摺痕。

這裡把直角對摺，也就是把角度等分。

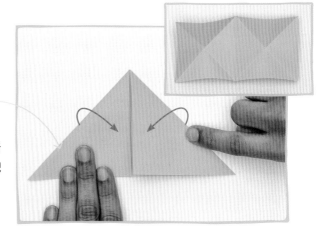

3 把兩個正方形上方的角往對角摺，然後展開。下方的角也重複同樣的步驟，展開後會發現，兩個正方形各有兩條交叉的對角線摺痕。

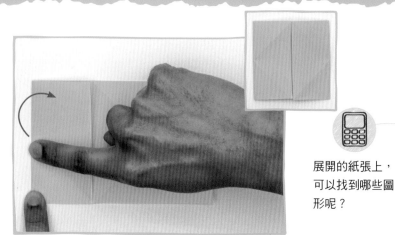

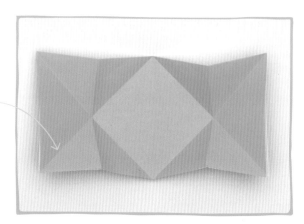

展開的紙張上，可以找到哪些圖形呢？

4 把紙張翻面，沿長邊把兩個正方形都對摺，讓對摺處通過對角線交叉點，最後形成一個中間有開口的正方形。

5 把紙展開成長方形，翻面，重複步驟4的摺法，再把紙張打開。紙張上方和下方的三角形應該會立起來。

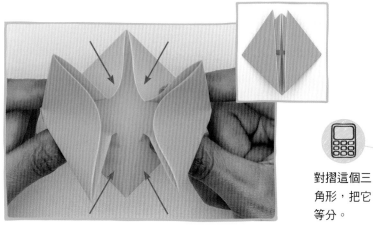

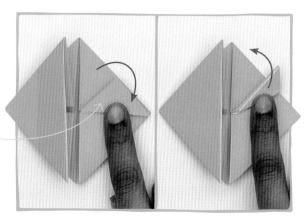

對摺這個三角形，把它等分。

6 食指和拇指捏住立起的三角形，把左右兩側的三角形推在一起，紙張會因此往內摺疊，形成一個菱形。

7 把右上方的三角形尖角往下摺到菱形中間，再往上摺，對齊摺線，形成一個小三角形。左上方的三角形尖角也同樣處理。

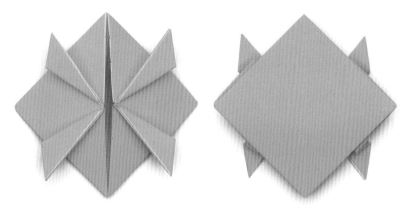

8 重複步驟7，處理下方的兩個三角形尖角，但先往上摺，再往下摺，最後形成的小三角形會和剛剛的互為鏡像。翻面，讓平坦的部分朝上。

角度的等分

等分是指把一樣東西分成相等的兩份。下圖的角等分後，會形成兩個相等的 20° 角。

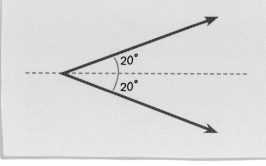

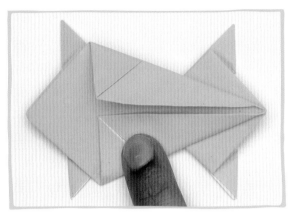

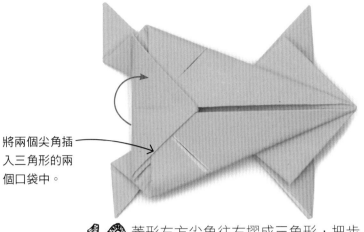

將兩個尖角插
入三角形的兩
個口袋中。

9 把菱形下方和上方的邊往青蛙的中線摺並對齊，形成「箏形」，也叫鳶形。

10 菱形左方尖角往右摺成三角形，把步驟9摺出的尖角插入三角形口袋中。

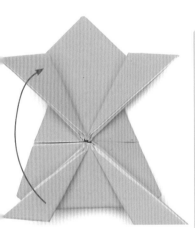

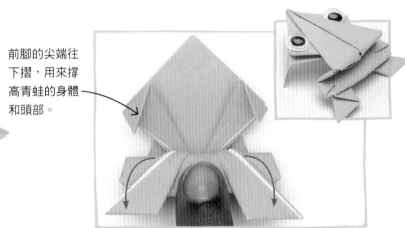

前腳的尖端往
下摺，用來撐
高青蛙的身體
和頭部。

11 把青蛙翻過來並且旋轉90°，尖端為頭部，讓它朝上，然後把青蛙從中間對摺，讓後腳疊到前腳上。

12 後腳往下對摺成青蛙的「彈簧」。兩個前腳的尖端也往下摺，用來支撐頭部。再把青蛙翻面，用白膠黏上活動眼睛。

13 手指放在「彈簧」上，往後壓再放開，讓青蛙跳起來！你可以把藍色紙張當作溪流，測量看看青蛙可以跳多遠。

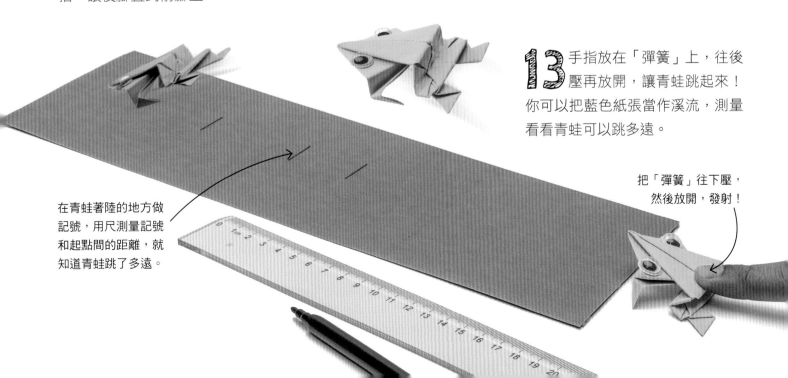

在青蛙著陸的地方做
記號，用尺測量記號
和起點間的距離，就
知道青蛙跳了多遠。

把「彈簧」往下壓，
然後放開，發射！

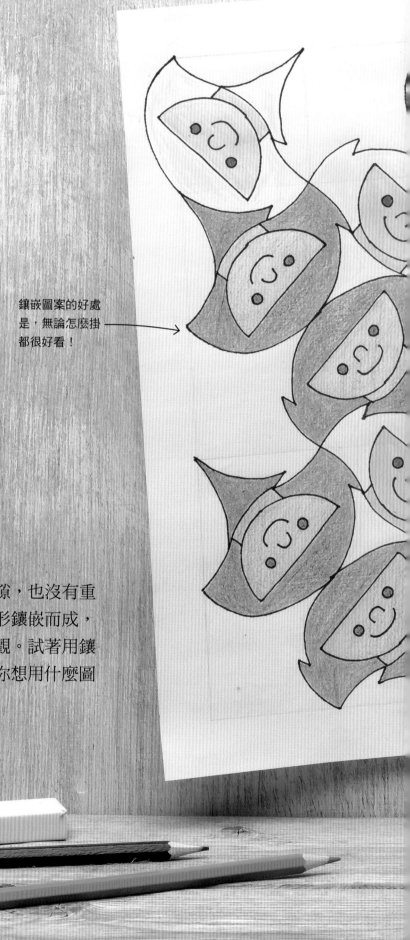

鑲嵌圖案的好處是，無論怎麼掛都很好看！

好玩的圖樣
鑲嵌圖案

鑲嵌圖案由相同的圖形密合拼成，既沒有空隙，也沒有重疊。你發現了嗎？蜜蜂築的蜂巢就是由六邊形鑲嵌而成，這些六邊形緊密的組合在一起，看起來很壯觀。試著用鑲嵌圖案做出引人注目又獨一無二的作品吧！你想用什麼圖形來進行創作呢？

這是用笑臉做成的鑲嵌圖案。
即使是簡單的設計，也能創作
出複雜的鑲嵌作品。

如何製作
鑲嵌圖案

這次的美術活動能創作出令人印象深刻的作品。首先，選出要用來鑲嵌的圖形，並製作一個樣板。這裡使用笑臉圖形來鑲嵌，並示範如何製作樣板。運用相同的技巧，在步驟2改造樣板的模樣，創作屬於你的傑作吧！

鑲嵌在一起

圖形若能完好拼接，沒有縫隙、也不重疊，稱為「鑲嵌」或「密鋪」。你覺得哪些圖形能鑲嵌在一起呢？

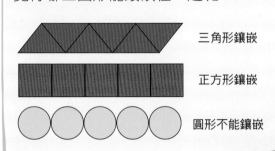

三角形鑲嵌

正方形鑲嵌

圓形不能鑲嵌

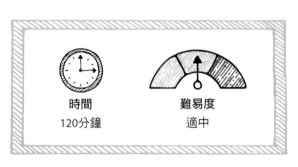

時間
120分鐘

難易度
適中

測量要精準，讓正方形的四個邊一樣長。

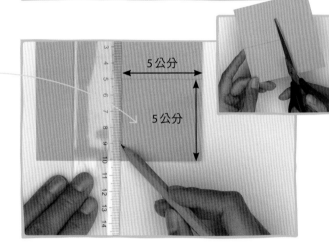

5公分

5公分

需要的東西

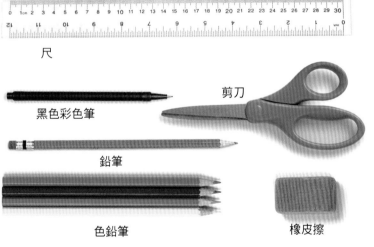

尺

黑色彩色筆

剪刀

鉛筆

色鉛筆

橡皮擦

卡紙

A3 紙張

透明膠帶

1 用尺在卡紙上測量並畫出 5×5 公分的正方形，然後用剪刀小心剪下。

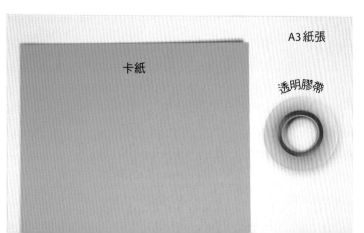

2 複製上圖，在正方形相鄰的兩個邊上畫出線條，連接兩個直角。如果要自己設計圖案，可把線條畫成波浪狀或鋸齒狀，但不要太複雜，免得很難剪下。

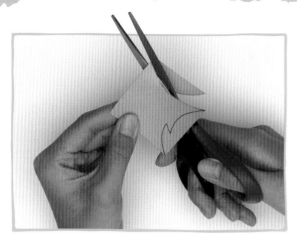

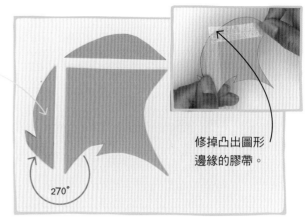

把剪開的小紙片旋轉270°，與較大的紙片貼合。

修掉凸出圖形邊緣的膠帶。

3 用剪刀沿著步驟2畫好的線條，小心剪下。正方形會被剪開，成為一大兩小的三張紙片。

4 把兩張小紙片旋轉一下，放在直角兩側的邊上，再用膠帶把三張紙片黏合在一起，這就是樣板。

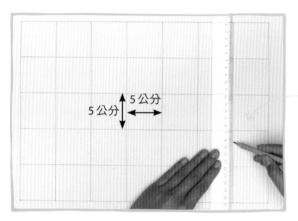

這個網格由5×5公分的方格構成。

5 用尺和鉛筆在A3紙張的四個邊上，每隔5公分做記號。以直線和橫線連接記號，畫出網格。

把樣板上黏合的橫線和直線，對齊網格的線條。

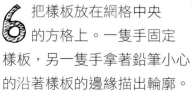

6 把樣板放在網格中央的方格上。一隻手固定樣板，另一隻手拿著鉛筆小心的沿著樣板的邊緣描出輪廓。

7 在圖形裡面增添圖案，讓圖形變得更生動。這裡設計的是笑臉，把細節畫在以樣板描出的鉛筆輪廓線裡面。

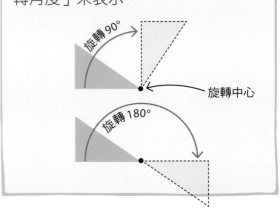

旋轉

旋轉是指繞著一個定點移動。圖形或物體繞著一個點移動的多寡，以「旋轉角度」來表示。

旋轉90°

旋轉中心

旋轉180°

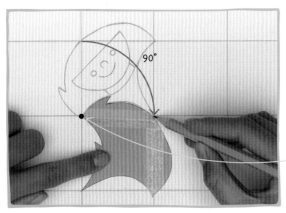

8 把樣板旋轉90°，移動到相鄰的方格，同樣描出輪廓。注意觀察這兩個輪廓，會像拼圖的圖塊一樣組合在一起。

旋轉時，樣板的一角固定不動。這個定點是旋轉中心。

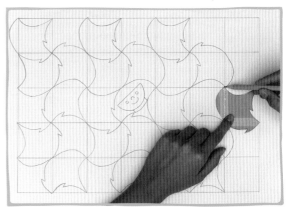

9 繼續在網格上描繪卡紙樣板的輪廓，每次都以旋轉90°的方式移動樣板，直到整個網格上畫滿圖形。

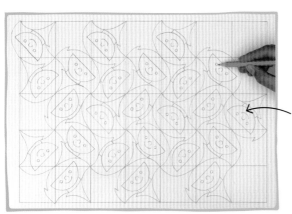

旋轉紙張再為圖形添加細節，會比較好畫。

10 接著為每個圖形畫上笑臉，或自行設計的圖案。每個圖形和圖案，必須和一開始畫的一樣。

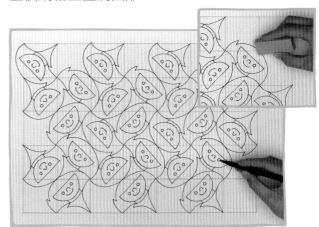

11 用黑色彩色筆小心的描出鉛筆線，讓鑲嵌圖案變得輪廓分明，最後擦掉鉛筆畫的網格。

12 完成黑白線條後，用色鉛筆或彩色筆為鑲嵌圖案上色。

選擇對比強烈的顏色，可讓鑲嵌圖案更顯眼。

更複雜的鑲嵌

掌握製作鑲嵌圖案的技巧後，何不試著繪製更複雜的圖案？右圖使用的技巧，跟這個活動所示範的一樣，只是一開始在步驟2設計的樣板較為複雜。你也可以試試看不同的顏色，讓鑲嵌圖案看起來更有層次、更細緻。

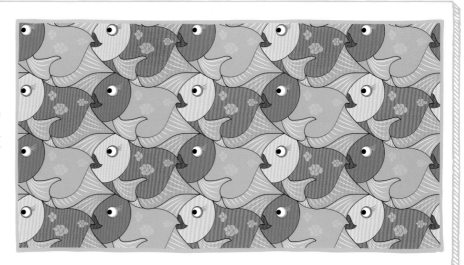

魔幻的圖形
不可能三角形

畫個奇妙的不可能三角形，讓朋友大開眼界！之所以稱為「不可能」，是因為世界上不會有這種立體物品存在。大腦會誤以為它真的存在，全都是因為圖形裡的巧妙角度。

運用的數學

- **測量**：讓三角形擁有等長的邊。
- **圓規**：用來找出繪製三角形輪廓的位置。
- **立體圖形**：讓紙上的三角形產生立體感。

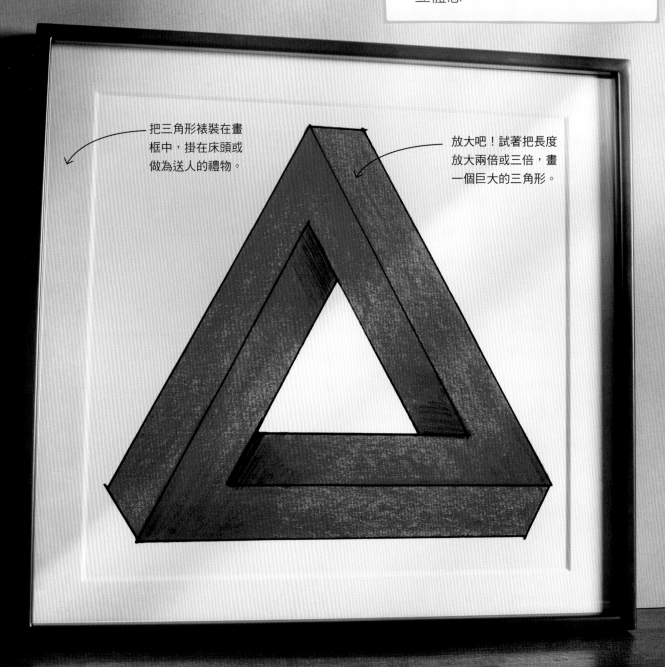

把三角形裱裝在畫框中，掛在床頭或做為送人的禮物。

放大吧！試著把長度放大兩倍或三倍，畫一個巨大的三角形。

如何製作
不可能三角形

不可能三角形需要相等的內角才顯得完美，所以需要使用圓規來繪製。畫出三角形的輪廓後，試著上色和加上陰影，圖形看起來會變得很立體。

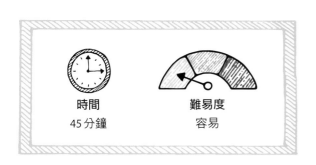

時間
45 分鐘

難易度
容易

需要的東西

尺

橡皮擦

圓規和鉛筆

白紙

色鉛筆

簽字筆

正三角形

又稱為「等邊三角形」，具有三個等長的邊，三個角都是60°。

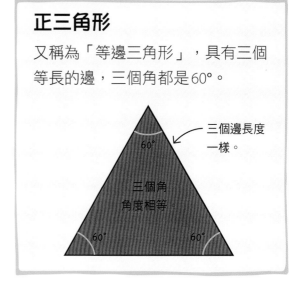

三個邊長度一樣。

60°

三個角角度相等。

60°   60°

圓規張開的距離必須固定為9公分，否則三角形邊長不會相等。

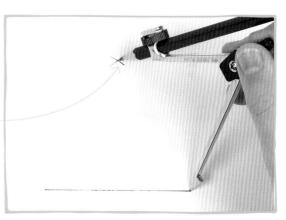

1 用鉛筆和尺畫一條9公分的線段。圓規打開9公分，尖腳固定在線段的一端，畫一個淡淡的圓弧。在線段另一端重複同樣的步驟。

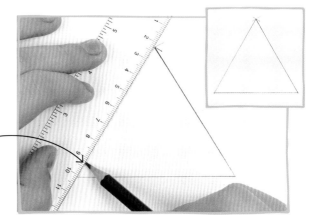

鉛筆輕輕畫，因為最後會擦掉鉛筆線。

2 用鉛筆和尺畫線，把線段的端點與兩個圓弧的交點連接起來，畫出一個三邊等長、三角相等的三角形。

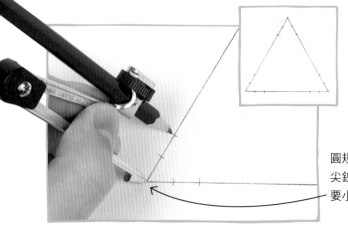

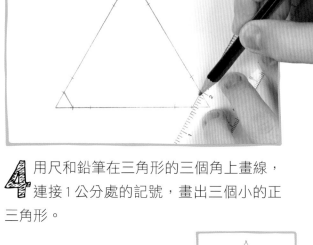

圓規的尖腳很
尖銳，使用時
要小心。

3 圓規打開1公分，尖腳分別固定在三個頂點，在邊上取1公分的距離。然後圓規打開2公分，重複相同步驟。

4 用尺和鉛筆在三角形的三個角上畫線，連接1公分處的記號，畫出三個小的正三角形。

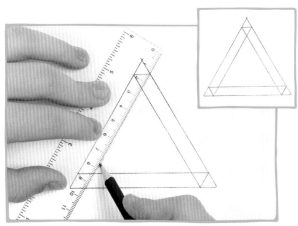

這三組平行線
形成三個完美
的正三角形。

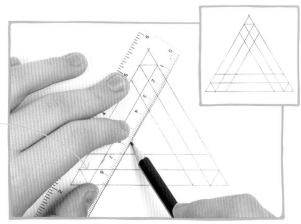

5 底邊上方畫一條平行線，連接左右兩邊1公分處的記號。另兩邊重複相同步驟，畫出另一個三角形。

6 用鉛筆和尺連接2公分處的記號，再畫三條線，步驟5的小三角形內會出現一個更小的三角形。

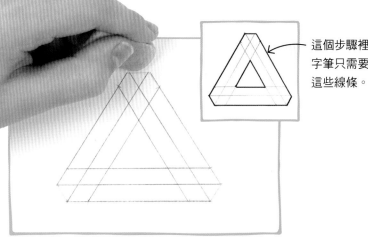

這個步驟裡，簽
字筆只需要描繪
這些線條。

7 擦掉三個頂點處的小三角形，用黑色簽字筆描繪圖形外圍的輪廓，以及最內側的三角形。

8 接下來，描出與最外側的三角形相距1公分的三條線，但只描到距離邊線2公分的地方。

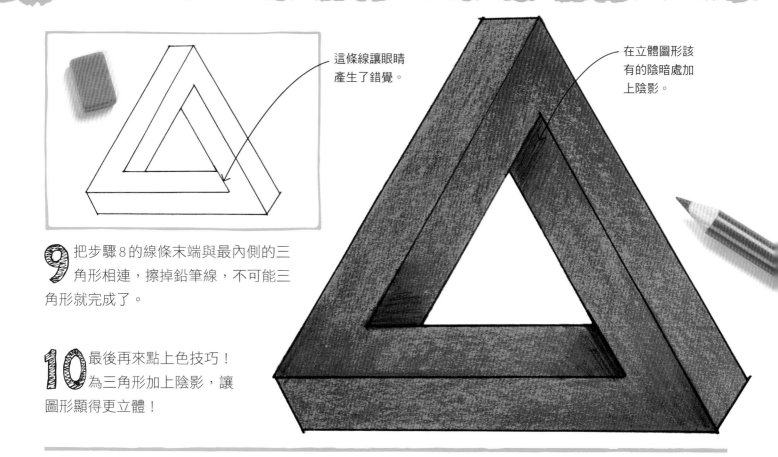

這條線讓眼睛產生了錯覺。

在立體圖形該有的陰暗處加上陰影。

9 把步驟8的線條末端與最內側的三角形相連，擦掉鉛筆線，不可能三角形就完成了。

10 最後再來點上色技巧！為三角形加上陰影，讓圖形顯得更立體！

提升一級！

運用立方體，也可以建構不可能三角形！這個版本雖然看起來很複雜，但其實只用了三種角度的線條，而且不需要圓規。如果手邊正好沒有圓規，這會是很好的替代方案。

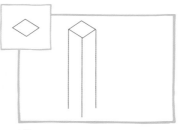

1 畫一個菱形，讓菱形的寬度比高度稍微大一點。從菱形往下畫三條平行線。

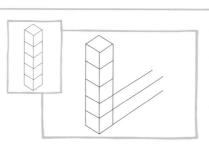

2 用拉寬的V字形把三條平行線分割成五個立方體。讓最下面的三個V字往右延伸。

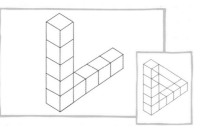

3 把步驟2延伸的平行線分割成立方體。最後的三個V字往左上延伸，與一開始的菱形相接。

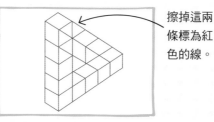

擦掉這兩條標為紅色的線。

4 新畫的三條平行線也用V字形分割成立方體。擦掉最後一個立方體上多出來的線。

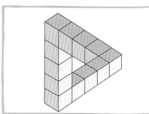

5 在這個以立方體構成的不可能三角形上，塗上深淺不同的顏色，增強立體的錯覺。

草綠色讓獅子
卡片具有鮮明
的背景。

卡紙做的舌頭為
青蛙增添特色。

運用的數學

- **角**：可強化卡片的結構，並讓
  立體圖像凸出。
- **測量**：讓卡片具有正確的形狀
  和大小。

神奇的角度
立體卡片

用卡紙作品帶給朋友和家人驚喜吧！只要運用一些數學技巧，
就能做出打開時栩栩如生的卡片。跟著步驟做，你會學到如何
測量角度，讓紙張具有立體的結構。生日從此不一樣！

如何製作
立體卡片

這項活動的關鍵是角度要正確。只要小心仔細的測量，一切就能順利進行。記得要確實摺出摺痕，完成的卡片才會工整漂亮。一旦掌握獅子卡片的做法，就可以嘗試製作各式各樣的立體卡片了。

時間	難易度
30分鐘	適中

需要的東西

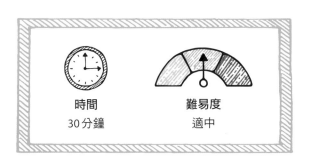

尺

剪刀

口紅膠

量角器

鉛筆

黑色彩色筆

A4彩色卡紙數張
製作獅子卡片需要：
綠色1張
黃色2張
橘色1張

5公分

3公分

1 把A4的綠色卡紙對摺並壓出摺痕。展開紙張，沿著摺痕在距離上方5公分、距離下方3公分的地方做記號。

35°

2 把量角器的0°線對齊摺痕，中心點對準下方3公分處的標記。在35°做記號，畫線與3公分標記連接，線長8公分。

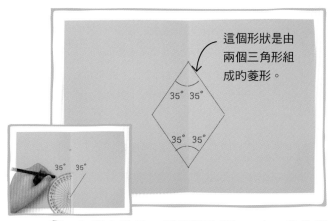

這個形狀是由兩個三角形組成的菱形。

35° 35°

35° 35°

35° 35°

3 在摺痕的另一側重複步驟2。在5公分標記處也重複相同步驟，但角度朝向紙面的下方。完成後會有兩個相對的70°角。

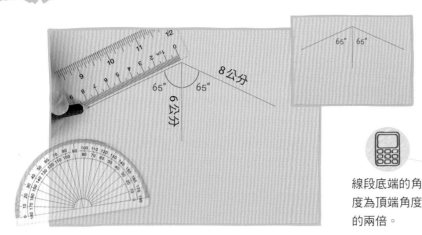

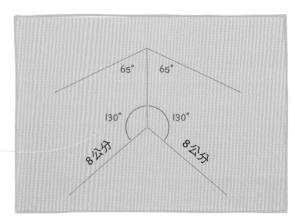

線段底端的角度為頂端角度的兩倍。

4 接下來製作獅子臉的上半部。在黃色卡紙上畫一條6公分的線，在線段頂端兩側以65°角各畫一條8公分的線。

5 沿著6公分的線段，用量角器在底端兩側各量出130°，再沿著角度各畫一條8公分的線。

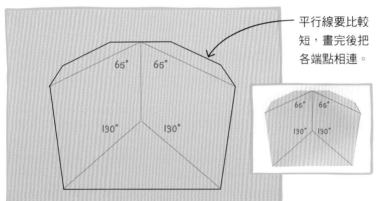

平行線要比較短，畫完後把各端點相連。

6 距離上方線段1公分處，以平行線畫出黏貼邊，用黑色彩色筆畫線連接各端點並剪下。形成的圖形底部會有一個三角形。

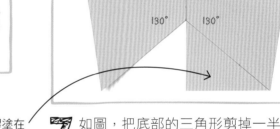

口紅膠塗在這個黏貼邊的背面。

7 如圖，把底部的三角形剪掉一半，做出黏貼邊。沿著所有鉛筆線刻劃並確實摺出摺痕。在三角形黏貼邊塗上口紅膠。

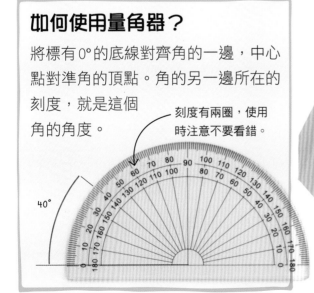

如何使用量角器？

將標有0°的底線對齊角的一邊，中心點對準角的頂點。角的另一邊所在的刻度，就是這個角的角度。

刻度有兩圈，使用時注意不要看錯。

40°

8 將卡紙翻面，塗上口紅膠的三角形黏貼邊置於下方，讓兩條8公分的線重合，並將紙張黏緊。這是獅子臉的上半部。

三角形黏貼邊以口紅膠黏在下面。

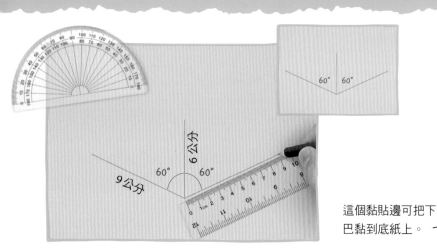

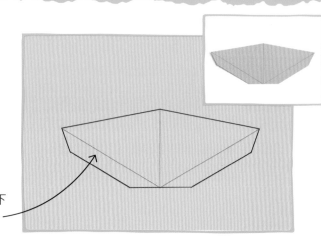

9 接著製作獅子下巴。在另一張黃色卡紙上畫出6公分長的線。在線的底端左右各量出60°角，沿著角度畫出9公分的線。

這個黏貼邊可把下巴黏到底紙上。

10 沿著9公分的線畫出平行的黏貼邊，寬度1公分。用黑色筆把各個端點相連，沿輪廓剪下，再沿著鉛筆線摺出摺痕。

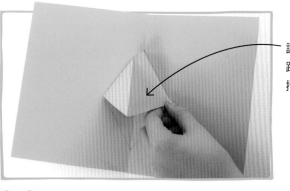

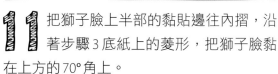

讓獅子臉部橫跨底紙中間的摺痕。

11 把獅子臉上半部的黏貼邊往內摺，沿著步驟3底紙上的菱形，把獅子臉黏在上方的70°角上。

12 把獅子下巴的黏貼邊往外摺，塗上口紅膠，黏到步驟3底紙上的菱形下方，沿著鉛筆線條貼好。

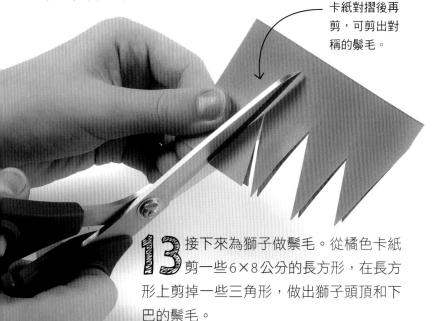

卡紙對摺後再剪，可剪出對稱的鬃毛。

13 接下來為獅子做鬃毛。從橘色卡紙剪一些6×8公分的長方形，在長方形上剪掉一些三角形，做出獅子頭頂和下巴的鬃毛。

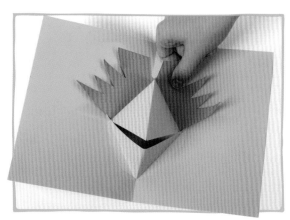

14 把頭頂的鬃毛黏到獅子的臉周圍。輕輕摺彎三角形的尖端，讓鬃毛變得更立體。以同樣的方式處理下巴的鬃毛。

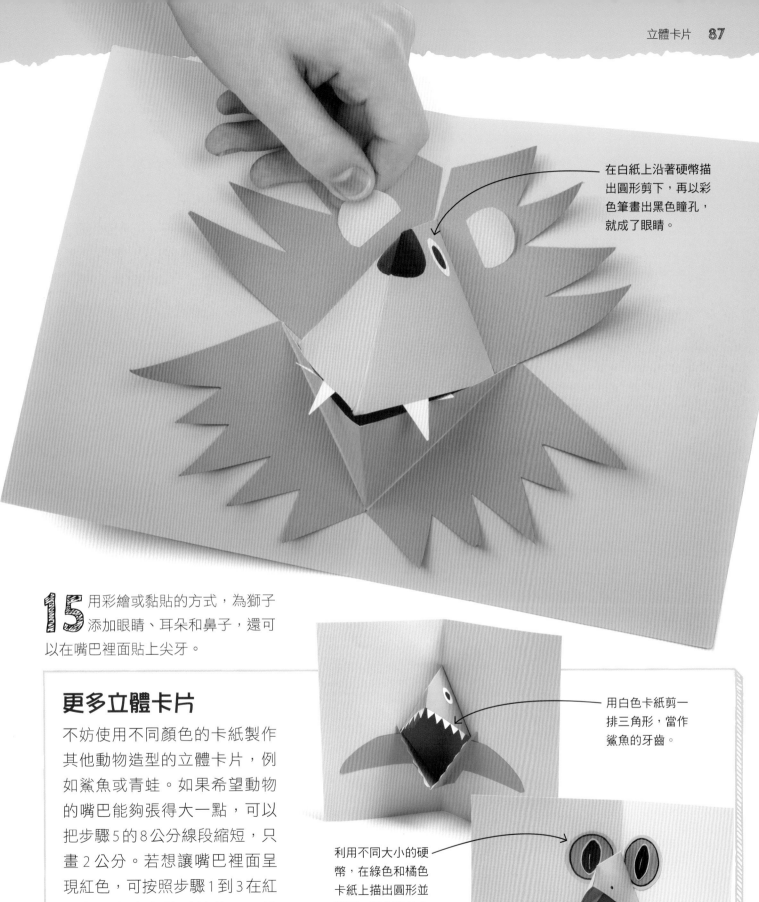

在白紙上沿著硬幣描出圓形剪下，再以彩色筆畫出黑色瞳孔，就成了眼睛。

15 用彩繪或黏貼的方式，為獅子添加眼睛、耳朵和鼻子，還可以在嘴巴裡面貼上尖牙。

更多立體卡片

不妨使用不同顏色的卡紙製作其他動物造型的立體卡片，例如鯊魚或青蛙。如果希望動物的嘴巴能夠張得大一點，可以把步驟5的8公分線段縮短，只畫2公分。若想讓嘴巴裡面呈現紅色，可按照步驟1到3在紅色卡紙上畫出菱形並剪下，然後貼在底紙的菱形鉛筆線上。

用白色卡紙剪一排三角形，當作鯊魚的牙齒。

利用不同大小的硬幣，在綠色和橘色卡紙上描出圓形並剪下，製作青蛙大大的眼睛。

測量

無論是重量、長度、寬度或高度，這一章的活動會教你怎麼掌握測量的技巧。你將學會如何計算橡皮筋動力車的速度、看懂彩色時鐘的時間，以及建造軌道，來一場好玩的彈珠競速；除此之外，還將知道怎麼計算事情發生的可能性，以及怎麼計算費用，好在下次的園遊會賺取利潤。

好棒的平均
賽車測速

感受一下橡皮筋動力車在跑道上奔馳的速度感吧！只要一些小東西，就能打造出專屬的賽車，並且進一步調校它的性能。測量看看車子跑一次需要多久時間，跑得多快，以及平均速度是多少。然後調整設計，讓車子跑更快！

跑道上黏貼白色
正方形做裝飾。

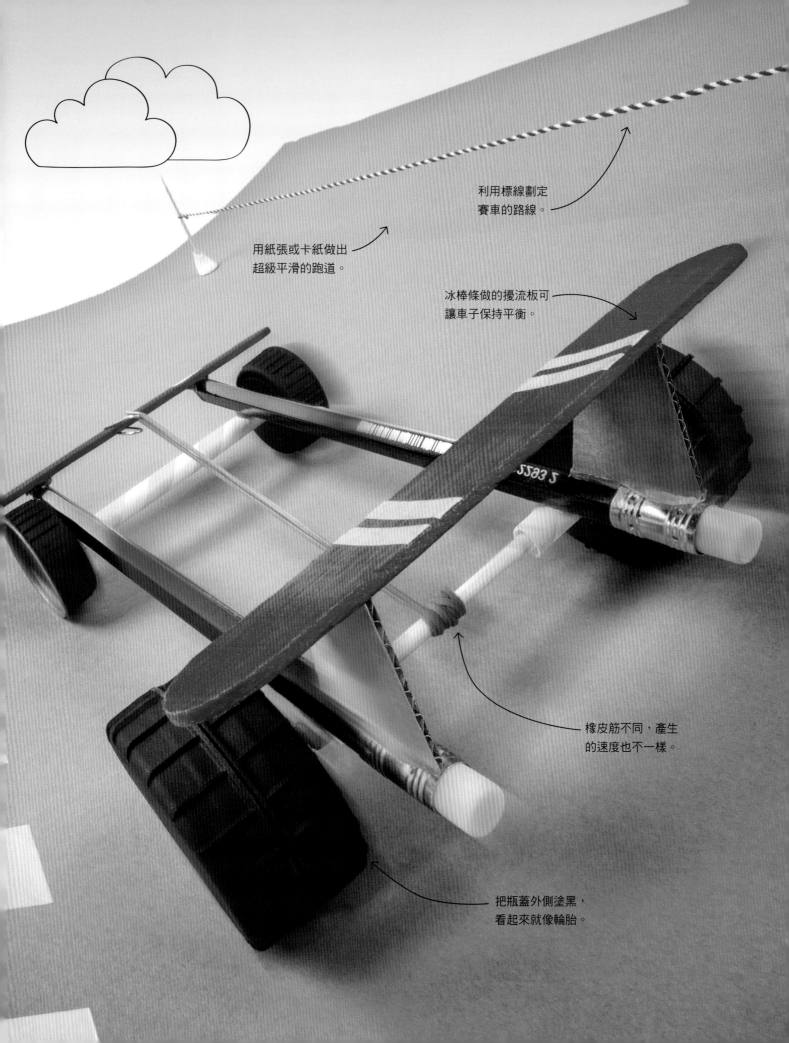

利用標線劃定
賽車的路線。

用紙張或卡紙做出
超級平滑的跑道。

冰棒條做的擾流板可
讓車子保持平衡。

橡皮筋不同，產生
的速度也不一樣。

把瓶蓋外側塗黑，
看起來就像輪胎。

如何製作
橡皮筋動力車

把橡皮筋拉緊可以儲存能量，之後再釋放出來，讓車子跑動。另外製作一段跑道並測出距離，測量車子跑完跑道的時間，就能算出車子的平均速度。

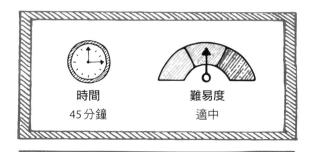

時間　　　　難易度
45分鐘　　　適中

運用的數學

- **四邊形**：用來支撐擾流板，讓車子保持平衡。
- **計時**：以便計算車子的速度。
- **平均**：得出可靠的結果。

需要的東西

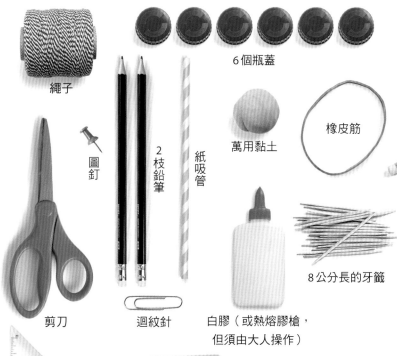

繩子

圖釘

2枝鉛筆

紙吸管

6個瓶蓋

萬用黏土

橡皮筋

8公分長的牙籤

剪刀

迴紋針

白膠（或熱熔膠槍，但須由大人操作）

硬卡紙或瓦楞紙板

三角板

筆記本

碼錶或智慧型手機

捲尺

寬的冰棒條（冰棒棍）
11.5 ×1.7公分
（或把卡紙裁成這個尺寸）

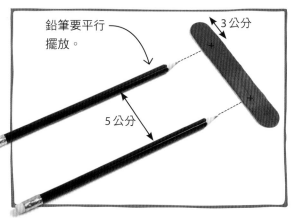

鉛筆要平行擺放。

3公分

5公分

1 兩枝鉛筆相隔 5 公分擺放，把一片冰棒條（或把卡紙裁成相同尺寸）放在筆尖的一端，在冰棒條兩端往內 3 公分的地方做記號。

固定鉛筆，直到白膠凝固。

鉛筆要保持平行。

2 把兩枝鉛筆的筆尖分別黏到冰棒條的記號上。鉛筆必須保持彼此平行。

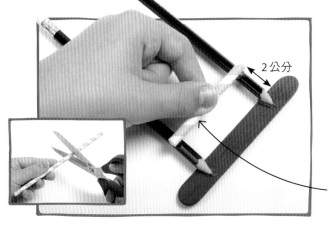

2 公分

用三角板檢查吸
管和鉛筆是否垂
直（成直角）。

3 剪一段 6.5 公分長的紙吸管，黏在距離冰
棒條 2 公分的地方，與冰棒條位在鉛筆
的不同側。這端是車頭。

四邊形

四邊形是有四個邊的平面圖形。下
面的圖形都是四邊形。

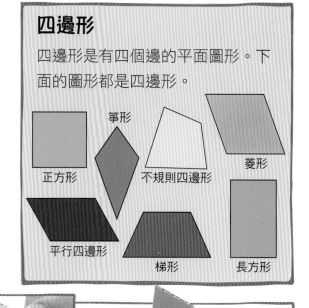

正方形　　筆形　　不規則四邊形　　菱形

平行四邊形　　梯形　　長方形

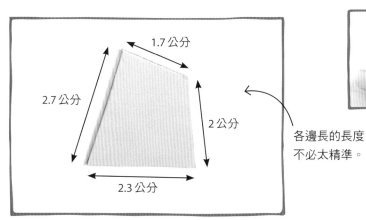

1.7 公分

2.7 公分

2 公分

2.3 公分

各邊長的長度
不必太精準。

4 接著製作擾流板。在卡紙上畫一個如上
圖的四邊形，讓頂端的邊長和冰棒條的
寬度一樣。剪下四邊形。

5 再剪一個一模一樣的四邊形。把兩個四
邊形分別黏在鉛筆尾端，讓四邊形頂端
的邊朝向筆尖的方向傾斜。

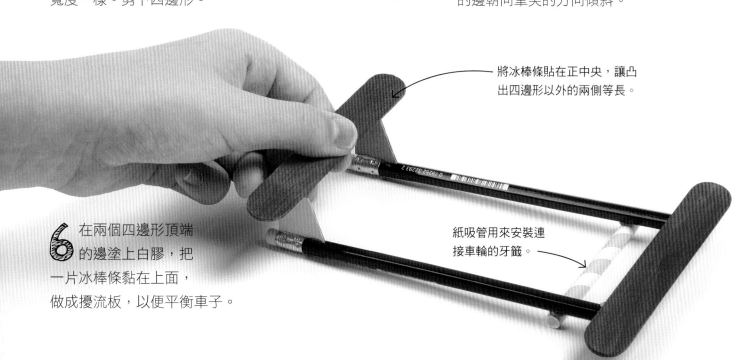

將冰棒條貼在正中央，讓凸
出四邊形以外的兩側等長。

6 在兩個四邊形頂端
的邊塗上白膠，把
一片冰棒條黏在上面，
做成擾流板，以便平衡車子。

紙吸管用來安裝連
接車輪的牙籤。

找出圓心

在圓上畫一條線，找出線條正中間的點，量出 90°。沿著 90° 角再畫一條線連接圓周，這條線的中心點就是圓心。

圓心位在藍線的中心點。

90°

用三角板量出 90°。

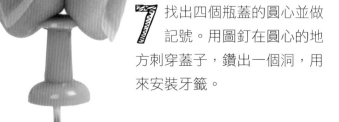

7 找出四個瓶蓋的圓心並做記號。用圖釘在圓心的地方刺穿蓋子，鑽出一個洞，用來安裝牙籤。

先在瓶蓋裡塞一團萬用黏土，避免圖釘刺到桌面。

用三角板確認輪軸與輪子彼此垂直，否則輪子會搖擺。

在瓶蓋的內側也加一些白膠，增加強度。

8 擠一些白膠在洞口上面，然後插入一根牙籤，讓牙籤與瓶蓋保持垂直。另一個瓶蓋和牙籤也用同樣方式處理。

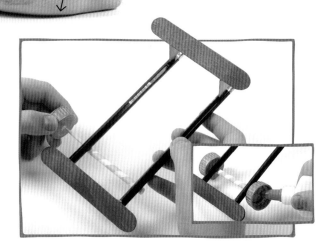

9 把牙籤做成的其中一個輪軸穿過吸管，另一端塗上白膠，再黏上步驟 7 中已鑽好洞的另一個瓶蓋。

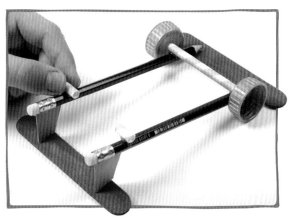

10 量出並剪下兩段 2 公分長的紙級管，分別黏到鉛筆後端，彼此對齊，並和前輪軸平行。用來固定後輪的輪軸。

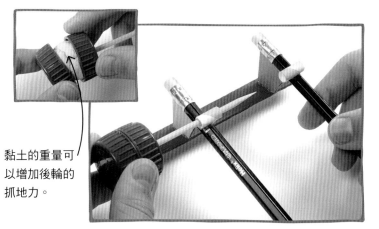

黏土的重量可以增加後輪的抓地力。

11 在後輪軸的瓶蓋裡塞一大團萬用黏土，再拿一個瓶蓋壓上去黏住。接下來，把瓶蓋上的牙籤穿過兩段吸管。

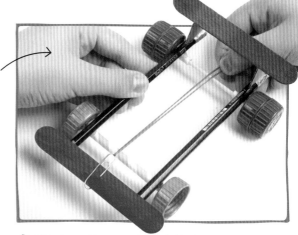

把車子握牢再
拉動橡皮筋。

12 把第二個後輪套在牙籤上，用白膠固定。瓶蓋裡同樣塞入萬用黏土，再按壓黏上另一個瓶蓋。

13 把一條細長的橡皮筋套入迴紋針。將迴紋針夾到車頭的冰棒條上，再把橡皮筋拉向後輪軸。

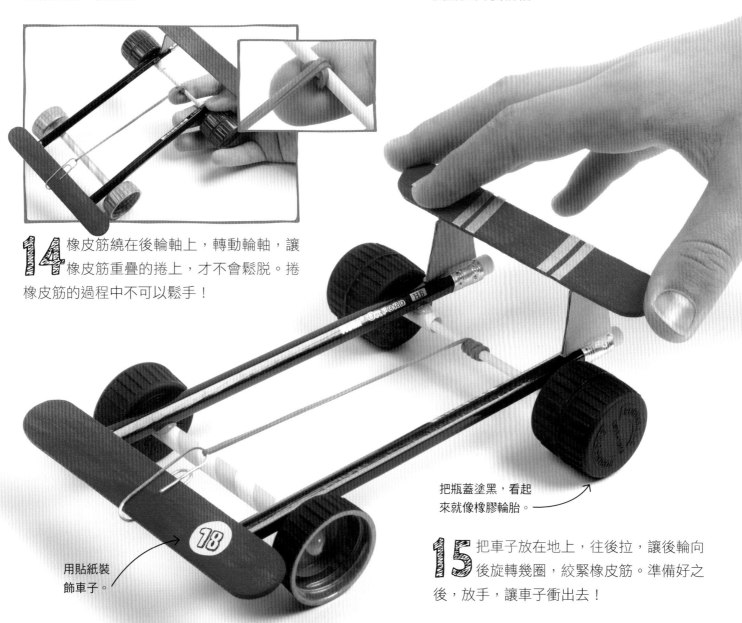

14 橡皮筋繞在後輪軸上，轉動輪軸，讓橡皮筋重疊的捲上，才不會鬆脫。捲橡皮筋的過程中不可以鬆手！

用貼紙裝
飾車子。

把瓶蓋塗黑，看起
來就像橡膠輪胎。

15 把車子放在地上，往後拉，讓後輪向後旋轉幾圈，絞緊橡皮筋。準備好之後，放手，讓車子衝出去！

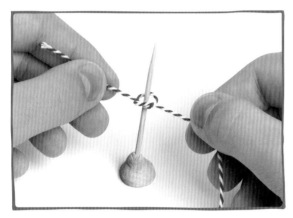

16 接著製作跑道的標線。把牙籤插到一大團萬用黏土上，再把繩子的一端綁到牙籤上。

17 從牙籤處開始，在繩子上測量1公尺並做記號。再往後測量兩段50公分並做記號，這兩段可用來延長跑道。

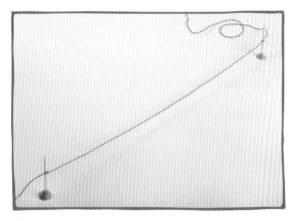

18 取另一枝牙籤插到萬用黏土上，把繩子上的第一個記號綁在這枝牙籤上。這段繩子的長度就是跑道的長度。

繩子要繃緊，跑道的長度才會準確。

19 把車子放到跑道的起點，往後拉，絞緊橡皮筋。碼錶歸零，做好準備，可以請朋友幫忙計時。

20 放開車子，同時按下碼錶開始計時。當車子通過終點時，按停碼錶。

距離＝速度×時間

這三個數值中只要知道其中兩個，就能根據公式算出第三個。

距離

速度　**時間**

$$速度 = \frac{距離}{時間}$$ 　　$$時間 = \frac{距離}{速度}$$

21 將車子行經的距離除以時間，算出速度。例如車子以 3 秒鐘跑完 60 公分的跑道，行駛速度就是每秒 20 公分。

把這三次測試的總和除以測試次數，就是這三次測試的平均值。

測試 1：50 公分／秒　　平均速度：
測試 2：61 公分／秒　　60 公分／秒
測試 3：69 公分／秒

總和：180 公分／秒
180 ÷ 3 = 60

22 想可靠的測出車子的速度，必須進行好幾次測試，並算出車速的平均值。

一次改變一個元素

想對車子的性能有更多了解，可試著一次改變車子的一個元素，也就是「變因」，但其他元素維持不變，然後進行測試。結果會怎麼樣呢？

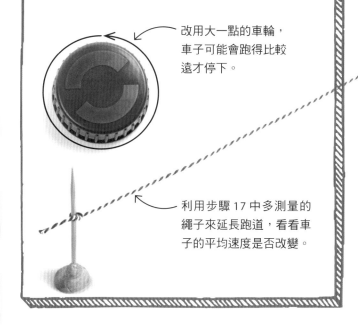

改用大一點的車輪，車子可能會跑得比較遠才停下。

利用步驟 17 中多測量的繩子來延長跑道，看看車子的平均速度是否改變。

真實世界中的數學
善用平均值進行改良

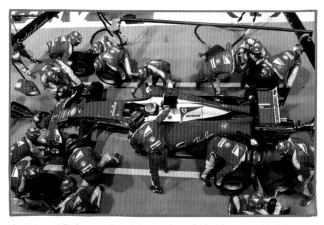

如果只進行一次測量，得到的結果可能純屬意外，不一定可信。多測量幾次再求出平均值，才能確信測量結果是一致而準確的。一級方程式賽車的工程師會利用多次測試的平均值，來調校車輛並提升團隊成績。

友情手環要戴到
斷掉才能取下。

繽紛的編織
友情手環

為好朋友編織友情手環，讓對方知道你對他們的重視。手環要
編成雙色或彩色，由你自行決定。可善用數學技能，將圓形紙
板分成八等分，做一個編織器，也可以徒手編織。無論哪一種
做法，朋友一定會排隊搶著要手環！

何不做一條長度加倍
的雙色手環，讓它在
手腕上繞兩圈？

用朋友最喜歡的
顏色來編織。

如何製作
友情手環

這個活動會教你製作兩款不一樣的友情手環。一種用紙板編織器編織，另一種則是用「斜卷結」編成的條紋手環。利用編織器可編出獨特的圖樣，但條紋手環的做法比較簡單。

運用的數學

- **圓周**：可得出手環的最短長度。
- **角**：用來把圓形等分，做成紙板編織器。
- **鉛直線、水平線和斜線**：運用不同線條標記編織器狹縫的位置。
- **規律和順序**：用來設計出色彩繽紛的手環。

時間
每條 120 分鐘

難易度
適中

需要的東西

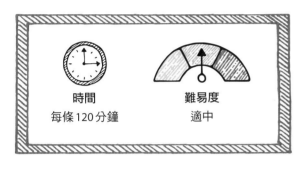

尺

量角器

圓規和鉛筆

剪刀

捲尺

萬用黏土

彩色毛線或繡線

膠帶

硬的瓦楞紙板

1. 使用紙板編織器

圓周是圓或橢圓外圍的周長。

1 先用捲尺繞朋友的手腕一圈，量出圓周。友情手環一定要編得比這個圓周長，才能順利綁在手上。

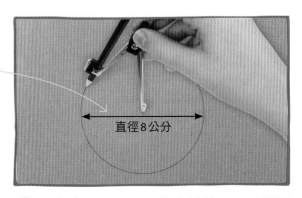

直徑 8 公分

直徑是連接圓周兩端並通過圓心的直線。

2 圓規打開 4 公分，裝上鉛筆，把尖腳固定在硬的瓦楞紙板上，然後畫一個直徑為 8 公分的圓。

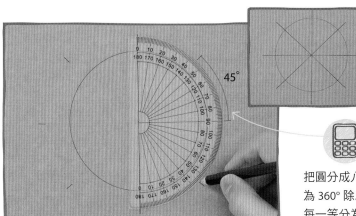

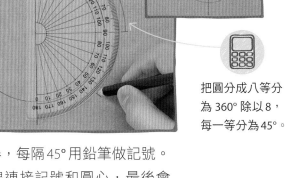

45°

把圓分成八等分
為 360° 除以 8，
每一等分為 45°。

3 利用量角器，每隔 45° 用鉛筆做記號。再用尺畫線連接記號和圓心，最後會把圓分成八等分。

各種直線

數學上的直線有不同的類型，上下方向的直線為鉛直線，也叫縱線，左右方向的為水平線，或稱橫線。傾斜的直線則稱斜線。

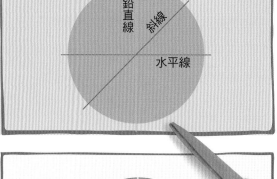

鉛直線　斜線

水平線

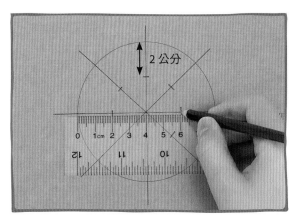

2公分

4 在畫出的每一條鉛直線、水平線和斜線上，用尺從圓周往內測量 2 公分，並以鉛筆做出記號。

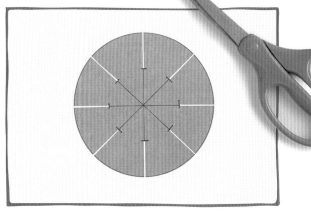

5 用剪刀剪下瓦楞紙板上的圓，然後小心沿著圓上的線條剪開到 2 公分記號處。編織器完成了。

這裡使用七種不同顏色的毛線，可以任選喜歡的顏色來編織。

6 在編織器下方墊一塊萬用黏土，以鉛筆尖在紙板正中間戳一個洞。這個洞必須夠大，可讓全部的毛線或繡線穿過。

7 依喜歡的顏色挑選毛線或繡線，用捲尺各量 90 公分的長度並剪下。這條友情手環共需要七條毛線或繡線。

8 把剪好的七條毛線排好、收攏，在一端打結。把未打結的另一端一併穿過紙板編織器中間的洞。

使用不同顏色的毛線，可幫助你記住編織的順序。

這個結可防止毛線滑出編織器上的洞。

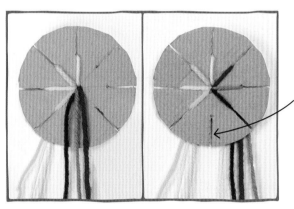

最下面的狹縫留空。

9 把紙板編織器翻面，讓結位在底部。在每一道狹縫裡各嵌入一條毛線，最下面的狹縫留空。現在可以開始編織手環了。

編織器逆時針轉動135°。

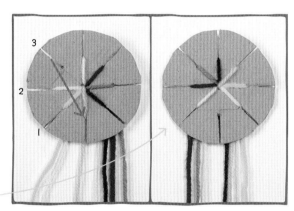

10 從空狹縫往順時針方向數，把第三條毛線拉起，嵌入空狹縫。再逆時針轉動編織器，讓新出現的空狹縫位在最下面。

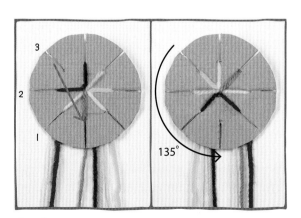

135°

11 重複步驟10，從最下面的空狹縫順時針數，把第三條毛線拉起，嵌入空狹縫，再逆時針轉動，讓新的空狹縫朝下。

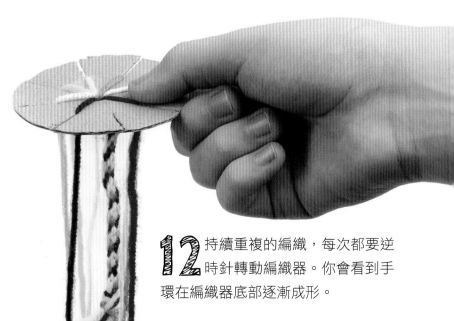

12 持續重複的編織，每次都要逆時針轉動編織器。你會看到手環在編織器底部逐漸成形。

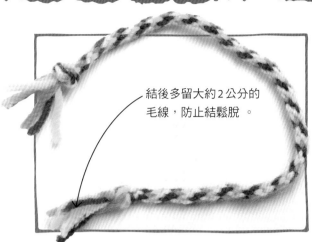

結後多留大約 2 公分的
毛線，防止結鬆脫。

13 繼續編織，直到織好的帶子長度足夠
環繞朋友的手腕，再多織大約 2 公分
的長度，用來綁手環。

14 把毛線從編織器狹縫中拉出，並從洞
口取下。在手環末端打結，以免毛線
散開。結後多留一小段毛線，其餘剪掉。

15 把友情手環繞在朋友的手腕上，
打個結，鬆鬆的綁起來，
作為兩人友情的象徵。

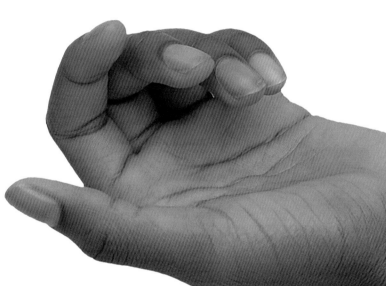

編出新花樣

一旦熟悉手環的編織，不妨進階看看，試著
製作其他具有幾何圖案或顏色花樣更複雜的
友情手環。可到圖書館找書參考，或上網搜
尋製作方法。

何不使用相同色系
但不同深淺的顏色
來製作手環，例如
右圖這條？

2.條紋手環

使用愈多條毛線，織出的手環愈寬，但花費的時間也會比較久。

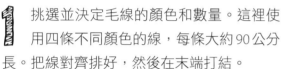

1 挑選並決定毛線的顏色和數量。這裡使用四條不同顏色的線，每條大約 90 公分長。把線對齊排好，然後在末端打結。

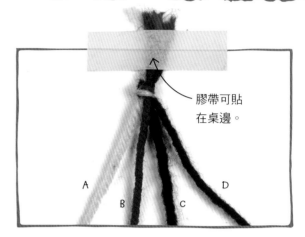

膠帶可貼在桌邊。

2 用膠帶把結上方的線頭固定在適合的表面上。把結下方的毛線分開，按照喜歡的顏色順序排好，這會是條紋的順序。

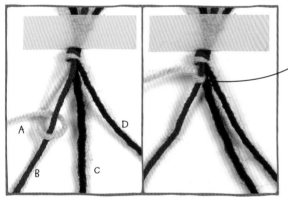

手環的第一道斜紋會是線 A 的淡粉紅色。

3 把最左邊的線 A 由上而下繞過線 B，再從線 A 上方穿出。抓著線 B，把 A 形成的結推往最上面，然後拉緊。

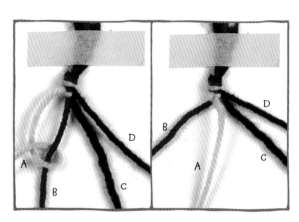

4 重複步驟 3，以線 A 再打一個結，這種雙重的結叫做「斜卷結」，會把毛線的順序改變成 B、A、C、D。

斜卷結的打法

先把線 A 繞到線 B 下方，再由線 A 上方穿出，使線 A 圈住線 B，然後抓著線 B 把結拉緊。再重複打一次，就能打出斜卷結。

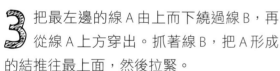

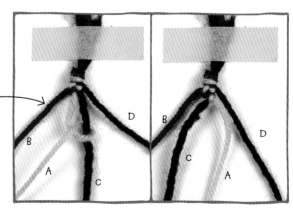

每打一個斜卷結，毛線的順序就會改變。

5 重複步驟 3 和 4，以線 A 繞著線 C 重複打結。形成斜卷結後，毛線的順序會變成 B、C、A、D。

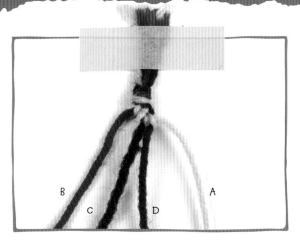

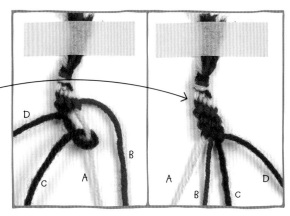

每種顏色的毛線編完一輪，就會形成一道斜紋。

6 再重複步驟，以線A繞著線D重複打結兩次，毛線順序變成B、C、D、A，這樣就完成一排。接著以線B重複整個步驟。

7 以線B編完一排後，換由線C開始，然後是線D。持續編織，直到毛線的順序回到一開始的A、B、C、D。

8 重複步驟3到7，一排一排的編織出斜紋。當手環的長度能夠鬆鬆的環繞朋友的手腕時，就可以停止了。

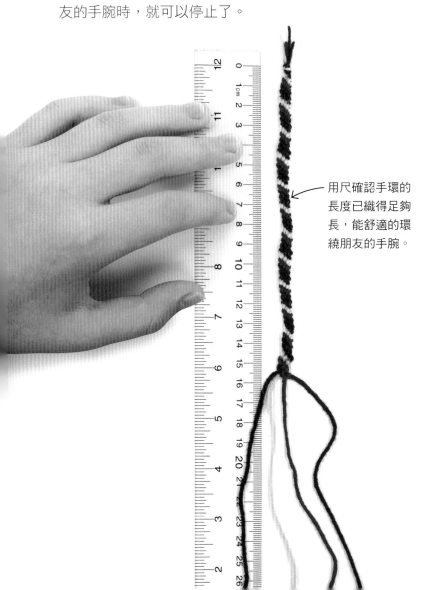

用尺確認手環的長度已織得足夠長，能舒適的環繞朋友的手腕。

9 在末端打結，避免手環鬆開。結的下方多留2公分的長度，然後剪掉多餘的毛線。把手環繫在朋友的手腕上。

真實世界中的數學
用織布機編織

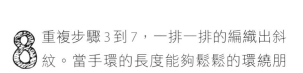

織布是把兩組線以直角交叉的方式編織成布匹的技術。上圖中的織布機可固定數百條線，編織出大塊的布。

比例真好用
繽紛水果飲料

朋友來訪時，準備一些好喝的飲料招待客人再好不過了。試試看不同的水果組合，研發嶄新的口味，還可以讓飲料呈現獨特的分層。製作的關鍵在於各種材料的相對分量，也就是比例。

切一片水果做裝飾，增添色彩。

把水果飲料裝在果醬罐裡，看起來很酷。

如果想使用精緻的玻璃杯，務必先得到大人的允許。

運用的數學

- 比例：用來調配完美的配色和口味。
- 測量：可量出材料的分量。
- 計算：算出需要的量。
- 密度：可用來製作分層飲料。

如何製作
繽紛水果飲料

這裡提供兩種飲料的食譜，第一種是甜蜜蜜的覆盆子桃子汁，第二種是分層冰沙。分層冰沙使用草莓、桃子和奇異果做出分層，也可以使用其他水果取代，但顏色可能就無法這麼鮮明了。

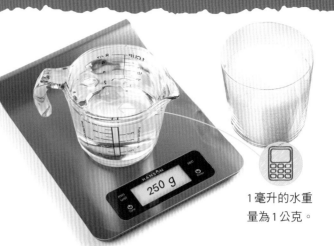

1毫升的水重量為1公克。

時間	難易度	注意！
60分鐘	容易	需要烹煮！務必要有大人陪同。

1 把 250 公克的糖加到 250 毫升的水中。糖是固體，以重量測量，水是液體，以體積測量，但也可以換算成重量測量。

需要的東西

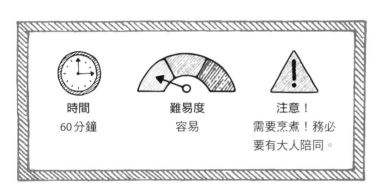

食物調理機（果汁機）　冰塊　水壺　量杯　250 公克的糖

500 公克的去皮奇異果　500 公克的覆盆子

500 公克的草莓　1 公斤的罐裝桃子（瀝乾）

單柄湯鍋　電子秤　精緻玻璃杯或果醬罐　3 顆檸檬　叉子　刮勺

2 請大人幫忙把水和糖倒入單柄湯鍋，用小火加熱。等糖溶解，形成糖漿後，把鍋子放在一旁冷卻。

3 秤 500 公克的覆盆子，用叉子壓碎成果泥。罐頭桃子也用同樣方式處理。

4 水壺內裝水和冰塊，擠入一些檸檬汁，然後拌入桃子和覆盆子的果泥，再加入糖漿。用玻璃杯盛裝，並用水果裝飾。

改變材料的比例，味道會有什麼變化？多加一些糖或檸檬汁會有什麼影響？

奇異果不加冰塊。

打泥前先去除草莓的蒂頭。

5 接下來製作第二種水果飲料。用碗分別裝盛草莓、奇異果和桃子，各秤 500 公克的重量。

6 請大人幫忙，用食物調理機分別把三種水果打成泥。草莓和桃子裡各加入 50 公克的冰塊。

計算果泥的密度：

$$密度 = \frac{重量}{體積}$$

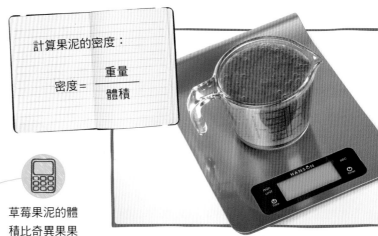

草莓果泥的體積比奇異果泥的大。

7 把打好的果泥倒入量杯之中，確認體積各有多少。你會發現每一種果泥的體積都不太一樣。

8 把果泥放到秤上秤出重量。將重量除以體積，算出每一種果泥的密度。哪一種的密度最大？記錄下來。

9 取密度最大的果泥75毫升，倒入玻璃杯或果醬罐內，再倒入密度第二大的果泥50毫升，最後倒入25毫升密度最小的果泥。

果泥的總體積減去要倒入的量，得出的數字就是量杯最後剩下的果泥體積。

桃子果泥的密度比奇異果小，倒在奇異果果泥上方。

奇異果果泥密度最大，所以最先倒入。

草莓、桃子和奇異果的比是 1：2：3，所以奇異果的體積是草莓的三倍。

比

有兩種或兩種以上的東西時，可用「比」來比較它們的大小或數量。比的寫法包括數字，還有數字與數字之間的符號「：」。

奇異果　　　　　　覆盆子

2　：　3

覆盆子　　　　　　桃子片

3　：　4

草莓果泥有1份。

桃子果泥有2份。

奇異果果泥有3份。

10 根據果泥在玻璃杯或果醬罐中的分層高度，可以一眼看出各種水果的體積比例。好好享用！

舉辦派對

派對上每個人都要有吃有喝，舉辦派對的主人一定要確保食物和飲料都充足，才能讓大家玩得開心。把每種飲料所需的材料分量，乘上預計參加派對的人數，會是個好辦法。

強大的百分率
松露巧克力

這項活動是真正的考驗，但不是考驗數學技能，而是考驗你抵抗誘惑的能力！美味的松露巧克力一定會大受歡迎，但如果覺得嘗起來有點太甜或太苦，可以調整牛奶或黑巧克力的比例，讓它恰好合乎口味。

看好你的松露巧克力！

用削皮刀刨出又薄又捲的巧克力薄捲片。

如何製作
松露巧克力

這種可口的甜點很容易做，但雙手難免會弄得髒兮兮。另外，因為得用爐具慢慢融化奶油，所以一定要找大人幫忙。試著變換松露巧克力的口味和外層的配料吧！

可全部使用黑巧克力或牛奶巧克力，或各用50%（100公克），視喜歡的甜度而定。

時間
45分鐘，加上2小時的冷卻時間。

難易度
適中

注意！
爐具很熱，要有大人在旁協助。

製作25顆松露巧克力需要的東西

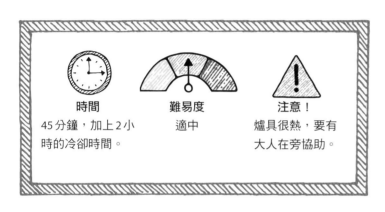

200公克的黑巧克力或牛奶巧克力，多準備幾塊用來製作巧克力薄捲片

25公克的無鹽奶油

150毫升的重乳脂鮮奶油和量杯

開心果碎粒　　可可粉　　椰絲
（或其他自選的碎粒或配料）

香草精或薄荷、橘子等食用香精

單柄湯鍋

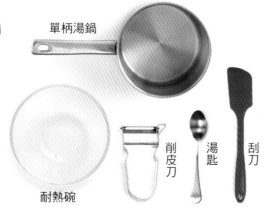

電子秤　　　　耐熱碗

 削皮刀　湯匙　刮刀

1 用電子秤秤出分量適當的牛奶巧克力或黑巧克力，以及無鹽奶油。在量杯中小心倒入150毫升的鮮奶油。

2 把秤好的巧克力弄碎，放入耐熱碗中。巧克力弄得愈碎愈好，融化的速度才會比較快。

這個步驟一定要
請大人協助。

3 鮮奶油和無鹽奶油放入湯鍋中,小火加熱,直到奶油融化,並且開始沸騰。

4 把步驟 3 中加熱好的鮮奶油和奶油,倒入裝有巧克力碎片的碗裡,用刮刀攪拌到巧克力融化。

撒一些可可
粉在手上會
比較好搓。

5 加幾滴薄荷或橘子香精,或香草精,為巧克力調味。調好後放進冰箱冷卻。

6 約兩小時後,從冰箱拿出混合好的巧克力,用湯匙挖出 25 份一口大小的分量,全搓成球狀。也可利用秤重精準掌握分量。

取五顆松露巧克力
裹上開心果碎粒,
表示這批巧克力中
有20%會呈綠色。

7 在巧克力外分別裹上椰絲、可可粉或開心果碎粒,顆數自行決定。先把配料撒在檯面上,再把巧克力放上去滾動。可保留一些巧克力,用來裹上巧克力薄捲片。

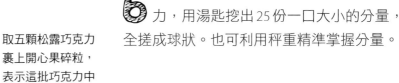

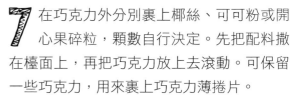

巧克力放到冰箱冷
藏一陣子，會變得
比較好削。

8 利用削皮刀，從塊狀的巧克力上削一些
薄片下來，薄片會形成捲曲的形狀，這
就成了巧克力薄捲片。

9 把之前保留的松露巧克力放到巧克力
薄捲片中滾動，做出片狀的外層。做
好的松露巧克力可放到冰箱裡，想吃再拿
出來吃；如果想當作禮物送人，可參考
第114至117頁的方法製作巧克力盒。

甜或苦？

製作松露巧克力時，若牛奶巧克力占有的百分率較高，口味較甜；牛奶巧克力的百分率較
低，口味則偏苦。百分率的意思是指「在100份中占了幾份」，是比較與測量數量的好方
法。想知道一個數是另一個數的百分之幾，就把這個數除以另一個數，再乘以100%。

食譜裡需要的
巧克力塊 = 20塊

100% = 20塊巧克力

代表全部　　全部的總數量
　　　　　　是20塊

黑巧克力 = 8塊

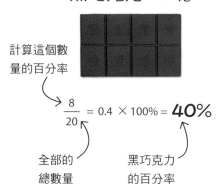

計算這個數
量的百分率

$\frac{8}{20}$ = 0.4 × 100% = **40%**

全部的　　黑巧克力
總數量　　的百分率

牛奶巧克力 = 12塊

$\frac{12}{20}$ = 0.6 × 100% = **60%**

牛奶巧克力
的百分率

有趣的立體
巧克力盒

美味的松露巧克力（第110至113頁）如果沒吃完，會是送給家人或
朋友很棒的禮物！做個特製的巧克力盒來包裝就更完美了。
製作盒子要從「展開圖」開始，也就是立體圖形攤
開後的平面輪廓。

何不把兩張卡紙黏
起來，讓盒子裡外
具有不同的顏色？

運用的數學

- 展開圖：可把平面圖形轉換成
  立體圖形。
- 直徑：可知道圓的寬度。
- 面積：用來算出圖形的大小。
- 除法：製作盒內的隔板。

如何製作
巧克力盒

你想在盒子裡裝入什麼？又想如何擺放？製作盒子時必須先測量物品的大小，並規畫擺放的位置。這裡示範的盒子使用簡單的隔板，並可放置兩層松露巧克力。

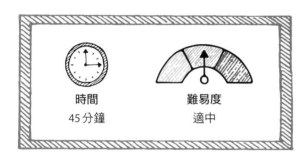

時間	難易度
45 分鐘	適中

需要的東西

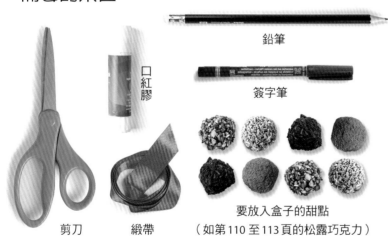

鉛筆

口紅膠

簽字筆

要放入盒子的甜點
（如第 110 至 113 頁的松露巧克力）

剪刀　　緞帶

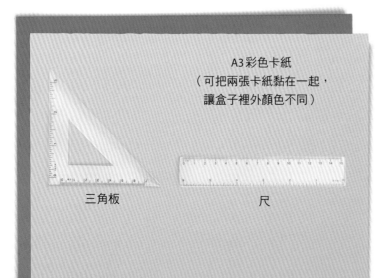

A3彩色卡紙
（可把兩張卡紙黏在一起，
讓盒子裡外顏色不同）

三角板　　　　　　尺

立體圖形與展開圖

想像立體圖形攤開成平面，這就是「展開圖」。藉由展開圖，可顯示立體物件如何由平面圖形組成。

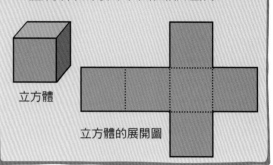

立方體

立方體的展開圖

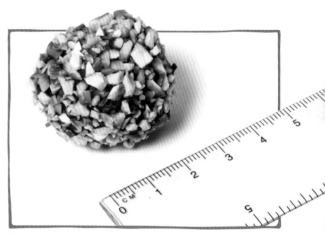

1 計算盒子和盒內隔板的大小。挑出最大顆的甜點，測量寬度。這裡使用前一個活動的松露巧克力，寬度是 3 公分。

2 決定甜點的擺放方式。這裡示範以 2×4 個格子擺放八顆甜點。格子會有上下兩層，總共可裝入 16 顆松露巧克力。

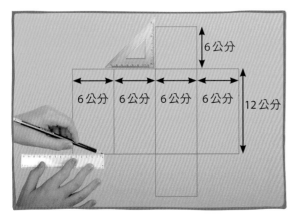

6公分

6公分 6公分 6公分 6公分

12公分

3 用鉛筆、尺和三角板在卡紙上測量並畫出盒子的展開圖。這裡示範的是長方形盒子，長方形的長邊為短邊的兩倍。

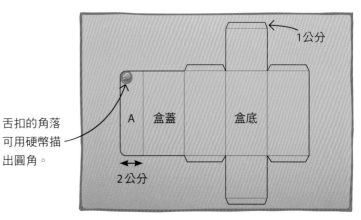

1公分

舌扣的角落可用硬幣描出圓角。

A 盒蓋 盒底

2公分

4 在展開圖邊緣加上黏貼邊，盒蓋前方加一片舌扣（A）。用簽字筆畫出輪廓，做為切割線。鉛筆線則是摺線。

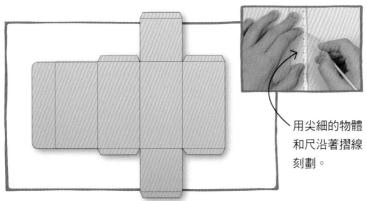

用尖細的物體和尺沿著摺線刻劃。

5 用剪刀沿著切割線剪下展開圖。再用尖細而不鋒利的物體（如鉛筆尖）和尺，沿著鉛筆線刻劃出痕跡。

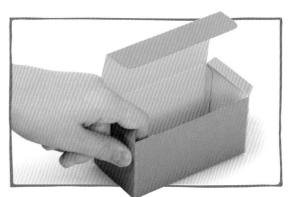

6 沿著摺線摺出盒子，盒子側面的四個黏貼邊塗上口紅膠，另兩個黏貼邊和舌扣不上膠。把盒子側面摺起，黏貼邊黏好。

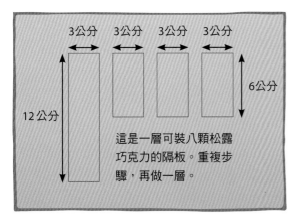

3公分 3公分 3公分 3公分

6公分

12公分

這是一層可裝八顆松露巧克力的隔板。重複步驟，再做一層。

7 接著製作隔板。以盒子的長度和一半高度畫出長隔板；再以盒子的寬度和一半高度畫出三個短隔板。

想讓開口間距一樣，可將長隔板的長度除以四，再用尺量出各個開口的位置。

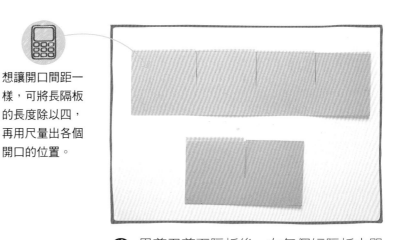

8 用剪刀剪下隔板後，在每個短隔板中間剪一刀，剪開約一半的深度。長隔板上剪開三刀，讓開口深度一樣，且間距相同。

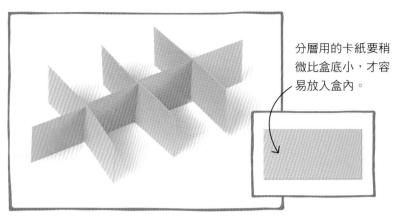

分層用的卡紙要稍
微比盒底小,才容
易放入盒內。

9 將短隔板的開口插進長隔板的開口,讓
隔板彼此垂直。剪一張與盒底形狀一樣
的卡紙,用來分層。

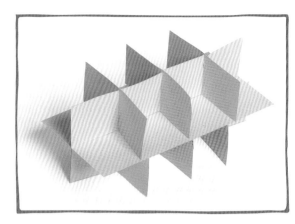

10 做好兩組隔板,和分層的卡紙組裝好
之後,會形成上圖的構造,而且與巧
克力盒內部的尺寸剛好吻合。

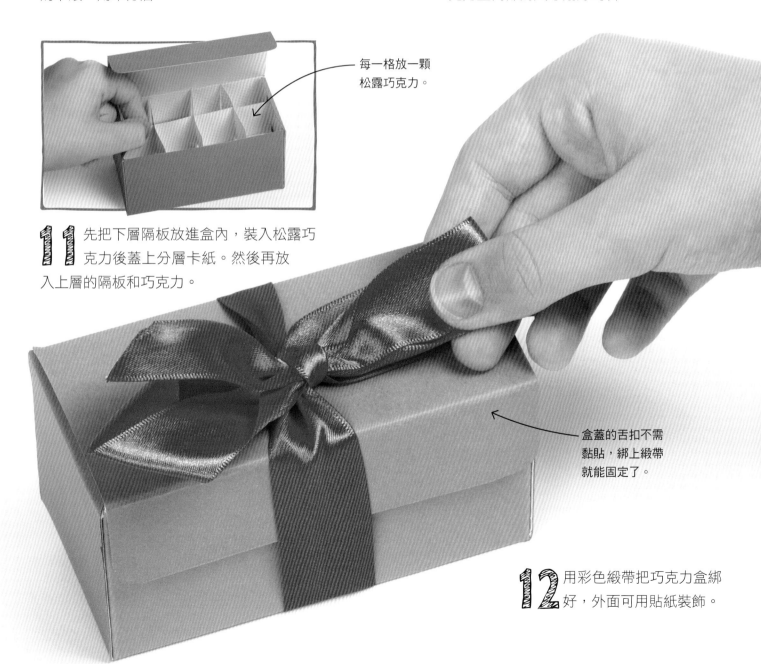

每一格放一顆
松露巧克力。

11 先把下層隔板放進盒內,裝入松露巧
克力後蓋上分層卡紙。然後再放
入上層的隔板和巧克力。

盒蓋的舌扣不需
黏貼,綁上緞帶
就能固定了。

12 用彩色緞帶把巧克力盒綁
好,外面可用貼紙裝飾。

漂亮的價格
爆米花托盤

要舉辦愛心義賣或園遊會嗎？何不做個托盤，擺滿一支支可口的爆米花「甜筒」來募款？也可以拿著爆米花甜筒和朋友一起看電影，就像置身電影院。不管你的決定是什麼，這項好玩的活動將教你設計立體托盤、製作圓錐形紙筒，以及為爆米花訂價，以便有最好的利潤！

運用的數學

- 半徑和直徑：畫出托盤上的圓形開口，用來擺放圓錐形紙筒。
- 計算：算出每支爆米花甜筒的成本，以及能獲利的售價。

用緞帶將托盤掛在脖子上，就可以空出雙手為顧客服務。

圓錐形紙筒裝滿了美味的爆米花，有奶油口味、有鹹有甜，你想吃哪一種？

爆米

如何製作
爆米花托盤

這項活動的關鍵是，先製作圓錐形紙筒，再製作販售托盤，免得紙筒太大而放不進托盤裡！這裡示範的托盤大小，可容納12支爆米花甜筒。

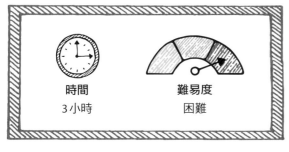

時間
3小時

難易度
困難

需要的東西

尺

橡皮擦

圓規和鉛筆

彩色筆

膠帶

白膠

一大碗爆米花

萬用黏土

剪刀

A2厚卡紙（420×594毫米）

A4彩色紙或白紙

200公分
的紅色緞帶

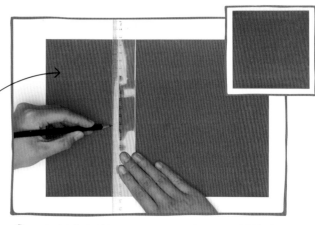

不妨製作不同顏色的紙筒，這裡使用八張紅色和四張白色紙張。

1 先製作紙筒。取一張A4紙，用鉛筆和尺量出21×21公分的正方形，剪下。再重複11次，總共剪12個正方形。

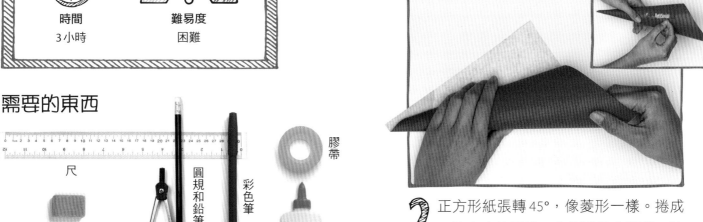

2 正方形紙張轉45°，像菱形一樣。捲成一端尖尖的圓錐，在側邊貼上膠帶，讓紙張不會鬆開。重複步驟，做出12個紙筒。

紙筒的一端是寬口，另一端縮成尖點。

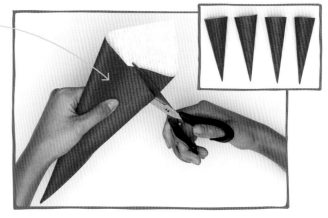

3 用剪刀沿著12個圓錐的上方剪，小心的把凸出圓周的尖角去除，讓圓錐開口端的圓周平整。

圓錐的性質

圓錐是一種立體圖形，具有一個圓形的底，側邊為曲面，並逐漸縮小成一個點。這個點叫「頂點」。

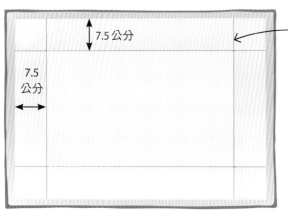

圓形的底

曲面

頂點

圓錐的寬度在開口處最大，愈接近頂點愈小。

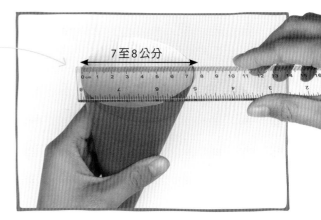

7至8公分

4. 確認每個圓錐的開口大致相同，直徑都是 7 至 8 公分。這樣每個紙筒裡能裝入的爆米花才會一樣多。

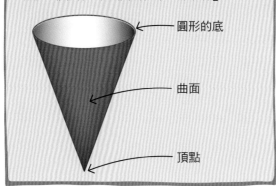

7.5公分

7.5公分

這些線是組裝托盤時的摺線。

5. 接著製作圓錐形紙筒的托盤。在 A2 尺寸的厚卡紙上、距離四個邊各 7.5 公分的地方畫線。

13公分

24公分

把這幾條直線畫在上方和下方的橫線之間。

6. 在距離左邊 13 公分和 24 公分的地方，各畫一條直線；右邊重複同樣的步驟。可看到卡紙上增加了四條線。

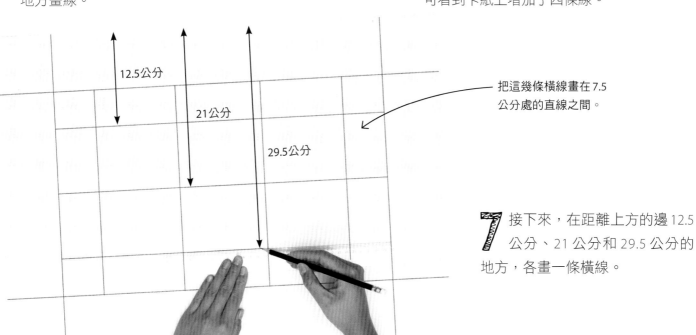

12.5公分

21公分

29.5公分

把這幾條橫線畫在 7.5 公分處的直線之間。

7. 接下來，在距離上方的邊 12.5 公分、21 公分和 29.5 公分的地方，各畫一條橫線。

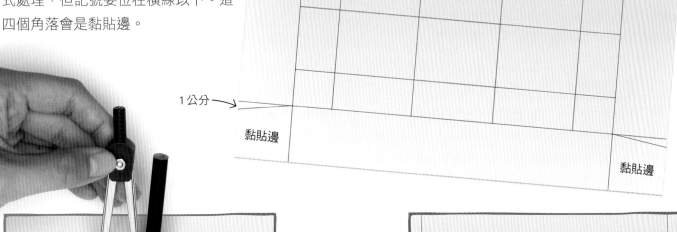

8 沿著左邊線和右邊線上方，在橫線以上1公分的地方用鉛筆做記號。畫斜線，把記號和直、橫線的交點相連接。左右邊線下方也用同樣方式處理，但記號要位在橫線以下。這四個角落會是黏貼邊。

黏貼邊

黏貼邊

1公分→

黏貼邊

黏貼邊

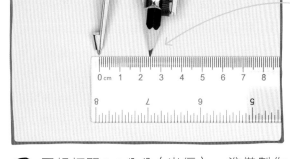

半徑2.5公分的圓，直徑是5公分。

9 圓規打開2.5公分（半徑），準備製作放置紙筒的洞。圓錐最寬處是8公分，所以洞的尺寸不能太大，否則紙筒會掉落。

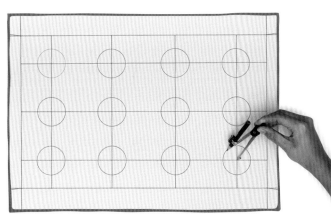

10 把圓規的尖腳固定在橫線和直線的交點，畫一個圓。重複同樣的動作，總共畫12個大小相同的圓。

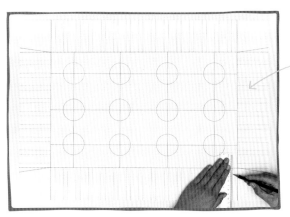

托盤的展開圖摺成立體形狀後，條紋會位在外側。

11 在托盤外側繪製條紋做為裝飾。用尺和鉛筆畫出寬度為1公分的直條紋，讓條紋彼此間隔2公分。

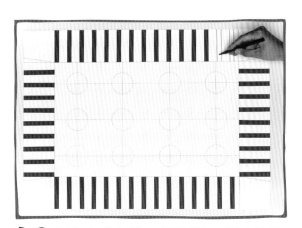

12 用紅色彩色筆，把步驟11畫出的直條紋仔細塗滿顏色。也可以選擇塗上其他喜歡的顏色。

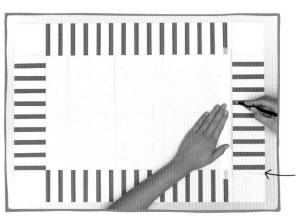

剪掉四個小三角形，做出黏貼邊。

13 用尺和鉛筆，沿著最外側的四條摺線刻劃出痕跡，再用剪刀剪掉四個角落黏貼邊旁的小三角形。

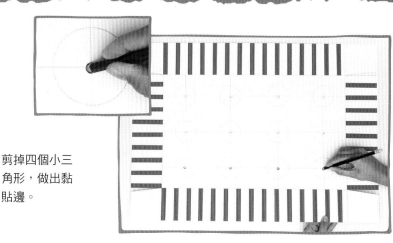

14 一個接一個，在卡紙上每個圓的中間底下墊一團萬用黏土，然後用鉛筆尖在圓心戳一個洞。

圓的邊界稱為「圓周」。

15 把剪刀插入戳好的洞中，沿線剪開，再沿著圓周剪。重複相同步驟，把所有的圓剪掉。擦掉鉛筆線。

黏貼邊要位在托盤內側。

16 把卡紙翻面，四個邊往上摺，讓四個角落的黏貼邊位在托盤內側，並塗上白膠，然後緊緊黏在側邊上。

18 把托盤翻面，讓圓洞位在上方。招牌背面塗上白膠，然後貼到托盤較長的側邊中間。壓平，等白膠晾乾。

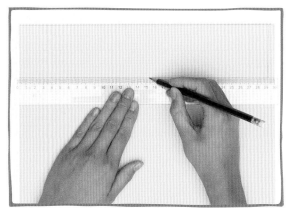

17 現在，為托盤製作招牌。在卡紙上畫一個6×29公分的長方形，在上面寫上「爆米花」做為招牌，剪下。

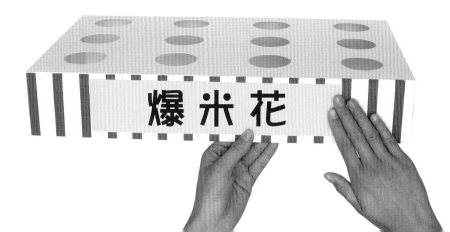

19 把托盤翻面，沿著內部左右兩側的短邊，在距離長邊13.5公分處做記號。剪兩條100公分長的緞帶，用膠帶把緞帶末端貼在托盤內側的記號上。

20 再次把托盤翻面，捧在身前。請人把兩條緞帶繞到你的脖子後面綁起來。將12個空紙筒插在托盤的洞上。裝一大碗爆米花，用湯匙小心的舀到紙筒裡，把紙筒全都裝滿。現在，可以去叫賣爆米花了！

售價標籤可貼在這裡。

真實世界中的數學
售價

食品在商店裡的售價，不僅要考量食物和包裝的成本，還要能夠涵蓋運送費用、員工薪資，以及商店租金。但如果價格訂得太高，也會沒人購買，因此要精打細算。

爆米花怎麼訂價?

如果想販售爆米花,要根據爆米花的成本,以及紙筒和托盤的製作費用,來計算每支爆米花甜筒的價格。售價必須能涵蓋成本,但不能賣得太貴,以免讓人卻步。算出總成本之後,再外加一些金額,才能賺到利潤。決定好售價之後,做一個售價標籤貼在托盤上。

項目	費用	數量	總計
爆米花	50元	1	50元
紙筒	5元	12	60元
托盤	130元	1	130元
		總成本	240元
一支爆米花甜筒的成本 (總成本除以12)			20元

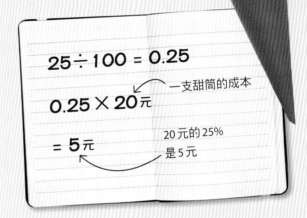

$$25 \div 100 = 0.25$$

$$0.25 \times 20元$$ 一支甜筒的成本

$$= 5元$$ 20元的25%
是5元

1 列出爆米花、紙筒紙張、托盤等材料的成本,紙筒紙張費用要乘以12。全部的費用相加,算出總成本,再除以甜筒數量,就是一支甜筒的成本。每支爆米花甜筒至少要賣這個價錢,成本才能回收。

2 想賺取利潤,爆米花甜筒的價格必須比成本貴一些。例如想賺25%的利潤,就把25除以100再乘以一支甜筒的成本,利潤為5元。想增加利潤,可提高利潤百分比。

每支甜筒 25%的利潤	5元	總收入	300元
每支甜筒的 成本	20元	總成本	240元
每支甜筒的 售價 (成本加利潤)	25元	總利潤 (收入扣除 成本)	60元

爆米花

每支 **25**元

3 如果一支甜筒的成本是20元,加上5元的利潤,每支爆米花甜筒的售價應該是25元。賣出12支售價為25元的甜筒,總收入為300元。總利潤是把這個金額減去總成本240元,得出60元。

4 一旦算出爆米花的售價,就可製作售價標籤了。在卡紙上畫出直徑為8公分的圓並剪下,用彩色筆把每支爆米花甜筒的售價清楚寫上去,然後把售價標籤貼在販售托盤的前面。

用糖果包裝紙讓影子增添亮麗的色彩。

距離和解析度
皮影戲

如果擁有自己的皮影戲劇場，你會上演什麼故事？
運用一些卡紙、雙腳釘、竹籤和一盞燈，就可以把
光禿禿的牆壁變成戲劇舞台。改變紙偶與光源間的
距離，還能讓「紙演員」變大或變小。

如何製作
皮影戲

皮影戲最棒的是，只需要一面乾淨的牆和一盞燈，幾乎在任何地方都可以演出。別擔心紙偶很難畫，可以直接找樣板來複製，網路上有很多圖樣可以下載運用。

運用的數學

- **測量**：可得出各項尺寸，將樣板完美繪製下來。
- **加倍或減半**：用來縮小或放大紙偶的影子。

如果一開始沒畫好，別擔心，可擦掉重畫。也可以把這張圖拍下來，放大列印，做為描繪用的樣板。

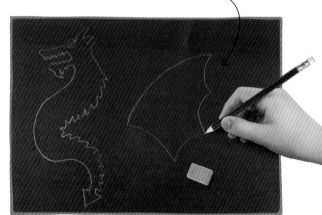

1 用鉛筆在黑色卡紙上畫出紙偶的圖樣。如果想繪製上圖的龍，記得身體部位和翅膀要分開畫。

時間
60分鐘

難易度
適中

需要的東西

尺

剪刀

鉛筆

竹籤

檯燈或手電筒

雙腳釘

橡皮擦

包裝糖果用的彩色玻璃紙（非必要）

膠帶

萬用黏土

黑色卡紙和打孔機

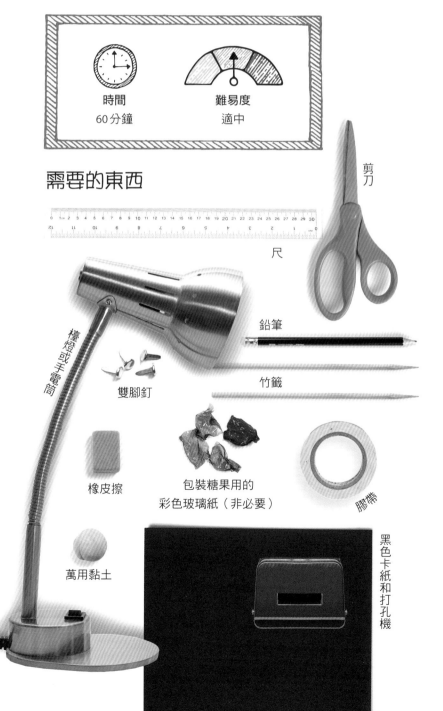

2 畫好紙偶的輪廓之後，把紙偶的主體及分離的其他配件，例如龍的翅膀，用剪刀小心剪下。

用打孔機打出
工整的洞，做
為眼睛。

3 決定關節的位置，這是可動的部位，用
鉛筆在身體和翅膀的關節位置做記號。
在卡紙下墊一團萬用黏土，用鉛筆尖戳洞。

4 把翅膀和身體的洞對齊，穿入雙腳釘，
將關節的位置鎖定。

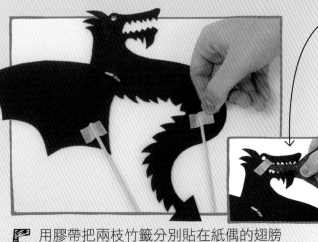

利用紅色的糖果包裝紙
剪出火焰形狀，黏在紙
偶背面。翅膀上也可以
加點彩色的細節。

5 用膠帶把兩枝竹籤分別貼在紙偶的翅膀
和身體背面。竹籤的長度要足夠，才能
拿著操作紙偶。這樣就準備好了。

6 把檯燈朝向乾淨的牆面，或大片的白色
床單、大張卡紙。打開燈，讓紙偶位在
光源和牆面之間。

檯燈照出的影子邊緣
可能不會很銳利，手
電筒能提供比較集中
的光束。

上下移動竹籤，
讓紙偶的翅膀跟
著動作。

1 增加檯燈和紙偶之間的距離（A），對影子的高度（B）會有什麼影響？對影子的清晰度呢？

2 縮短檯燈和紙偶之間的距離，影子的高度會發生什麼變化？影子會變得比較明顯或清晰嗎？

變大一些

試著讓紙偶的影子變大變小，會相當有趣。把紙偶放在檯燈前，一開始先靠近光源，然後漸次移遠，同時測量紙偶和光源間的距離，以及影子的高度。把結果記錄下來。你能算出影子比紙偶大多少嗎？最大的影子有多大？你是否看出影子變小，對影像清晰度有什麼影響？試著採用造型較複雜的紙偶，仔細觀察它們產生的圖樣。

檯燈和紙偶間的距離（A）	影子的高度（B）
20公分	40公分
30公分	30公分
40公分	20公分

3 把結果記錄在表格裡。你能看出影子的大小，與檯燈和紙偶之間的距離有什麼關係嗎？是否會以相同的比例放大和縮小？

真實世界中的數學
印尼的皮影戲

皮影戲是一種表演藝術，在印尼已有上千年的歷史，需要慶祝的特殊場合裡，經常會出現皮影戲，像是生日或婚禮。印尼的皮影戲師傅操控戲偶的技術非常高超，他們會改變戲偶桿子的長度，營造出巨大的影子和戲劇化的效果。

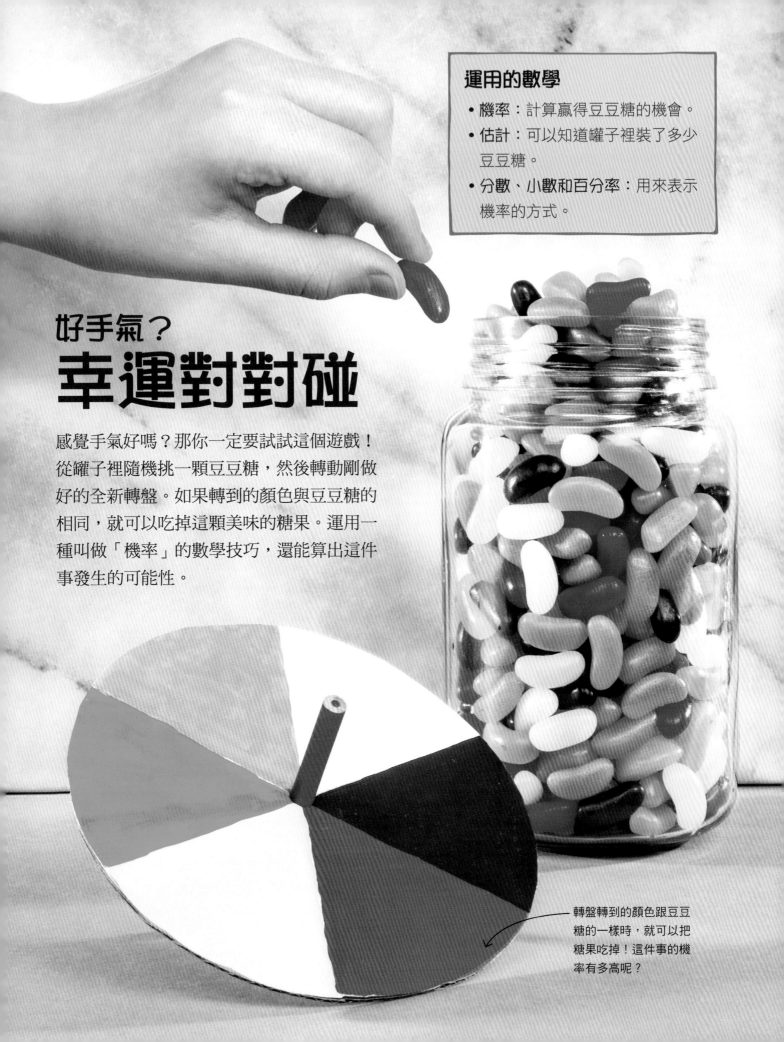

運用的數學
- 機率：計算贏得豆豆糖的機會。
- 估計：可以知道罐子裡裝了多少豆豆糖。
- 分數、小數和百分率：用來表示機率的方式。

好手氣？
幸運對對碰

感覺手氣好嗎？那你一定要試試這個遊戲！從罐子裡隨機挑一顆豆豆糖，然後轉動剛做好的全新轉盤。如果轉到的顏色與豆豆糖的相同，就可以吃掉這顆美味的糖果。運用一種叫做「機率」的數學技巧，還能算出這件事發生的可能性。

轉盤轉到的顏色跟豆豆糖的一樣時，就可以把糖果吃掉！這件事的機率有多高呢？

如何玩
幸運對對碰

這項活動很簡單，做好之後可以和朋友一玩再玩。豆豆糖的顏色最好不要太多種，因為這些顏色全都要出現在轉盤上面。這裡示範的轉盤具有六種顏色。

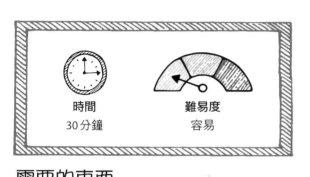

時間	難易度
30分鐘	容易

需要的東西

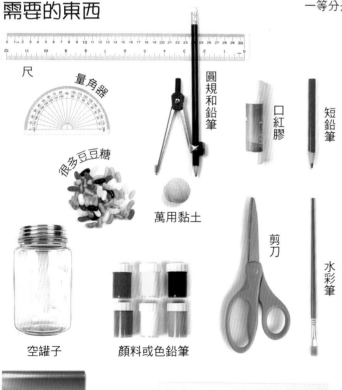

尺

量角器

圓規和鉛筆

口紅膠

短鉛筆

很多豆豆糖

萬用黏土

剪刀

水彩筆

空罐子

顏料或色鉛筆

電子秤

計算機

白紙

瓦楞紙板

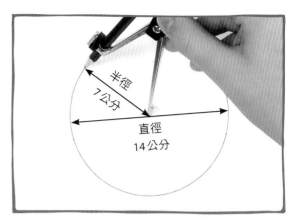

半徑 7公分

直徑 14公分

1 圓規打開7公分，在白紙上畫一個直徑為14公分的圓。把圓心標記出來。

一個圓是360°，分成六等分，每一等分是60°。

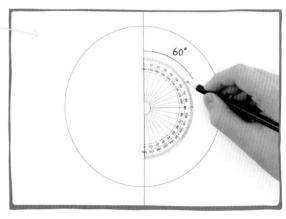

60°

2 接著把圓等分，豆豆糖有幾種顏色就分成幾等分。畫一條線通過圓心，把量角器對準圓心，量出各等分的位置並做記號。

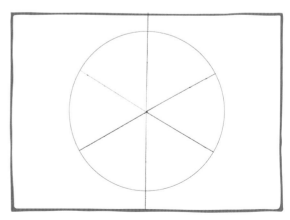

3 用尺從做記號的地方畫線，連接圓心，形成一個具有六等分的「圓餅」。

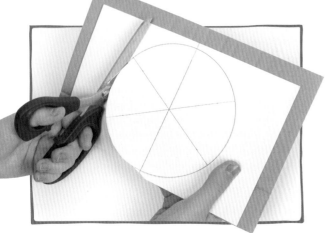

4 把步驟 3 畫好的圓形貼到瓦楞紙板上，小心沿著圓的輪廓剪，連同瓦楞紙板一起剪下來。

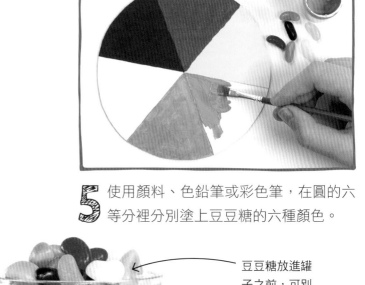

5 使用顏料、色鉛筆或彩色筆，在圓的六等分裡分別塗上豆豆糖的六種顏色。

6 圓心底下墊一團萬用黏土，再從圓心插入一枝短鉛筆。

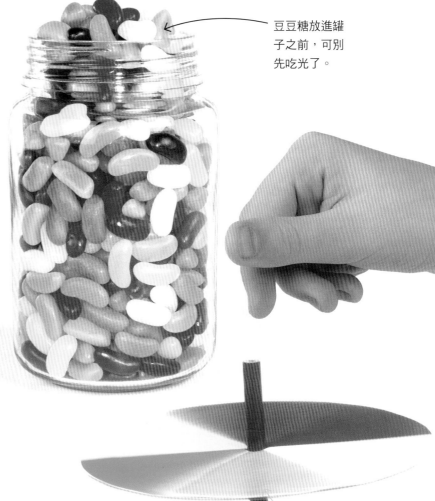

豆豆糖放進罐子之前，可別先吃光了。

機率

機率可用來衡量一件事發生的可能性，通常用分數表示。

上圖裡，轉到綠色的機率是六分之一（$\frac{1}{6}$）。

上圖裡，轉到綠色的機率是二分之一（$\frac{1}{2}$）。

7 從罐子裡挑一顆豆豆糖，轉動轉盤。轉盤停止時，靠在桌面的顏色如果和豆豆糖的一樣，就可以吃掉糖！如果不一樣，豆豆糖必須放回罐子。

轉盤停在橘色的機率是 $\frac{1}{6}$。

機率的表示方式

罐子裡如果沒有綠色的豆豆糖，拿到綠色的機率會是零；如果只放了綠色的豆豆糖，拿到綠色的機率會是一。如果罐子中有一些綠色豆豆糖以及其他顏色的糖，拿到綠色的機率會介於零與一之間。機率可用分數、小數或百分率來表示。

小數

$$\frac{1}{5} = 1 \div 5 = 0.2$$

上面有五顆豆豆糖，隨機拿一顆，平均五次裡會有一次拿到紅色豆豆糖，機率表示為 $\frac{1}{5}$。也可以把分數上面的數字除以下面的數字，改用小數來表示。

百分率

$$\frac{2}{5} = 2 \div 5$$
$$= 0.4 \times 100\% = 40\%$$

在上圖的例子中，拿到紅色豆豆糖的機率是 $\frac{2}{5}$。把分數轉換成小數，再乘以100%，就能把機率的表示方式轉換成百分率。

罐子裡有多少顆豆豆糖？

何不和朋友比一比，看誰能猜中罐子裡有多少顆豆豆糖？聰明的運用數學，就能知道大家猜得準不準。先算出一顆豆豆糖的重量，再把罐子裡豆豆糖的總重量除以單顆的重量，就能估算出豆豆糖有多少顆了。

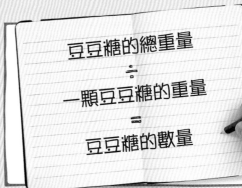

2 把空罐子放到電子秤上，數字歸零。再把罐子裝滿豆豆糖，秤出重量後記下。猜猜看罐子裡面有多少豆豆糖。

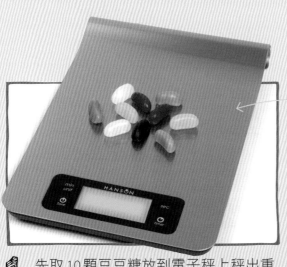

為了方便進行估算，這裡假設10顆豆豆糖中每一顆的重量都一樣。

1 先取10顆豆豆糖放到電子秤上秤出重量。把秤出的重量除以10，得出一顆豆豆糖的重量。

> 豆豆糖的總重量
> ÷
> 一顆豆豆糖的重量
> =
> 豆豆糖的數量

3 接著進行計算，把豆豆糖總重量除以單顆重量，就能估算出罐子裡有多少顆糖。你猜對了嗎？

塗上銀色，讓軌道
像鋼鐵一樣閃亮。

把柱子塗得像生鏽
的舊管道。

超級軌道
彈珠軌道競速

新手工程師一定會喜歡這項活動的刺激感。利用圓形紙筒、白膠，再加上一些耐心，就可以打造出專屬的彈珠軌道。添加彎道並運用角度增添變化，看彈珠如何啾啾的高速滾下！

軌道愈陡，彈珠滾下軌道的速度愈快。

運用的數學

- **角**：讓彈珠可順暢的滾下軌道。
- **立體圖形**：用來打造軌道。
- **測量**：可得出柱子高度、軌道長度，與彈珠完成競速的時間。

如何進行
彈珠軌道競速

想進行彈珠軌道競速活動，祕訣是慢慢來。要像工程師一樣先規畫、設計，再開始進行打造。圓形紙筒組裝得愈牢固，彈珠滾得愈穩定，競速成績也會愈優秀。

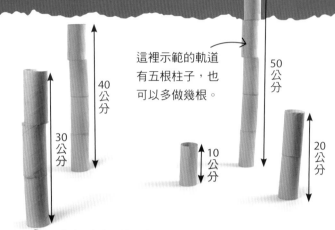

這裡示範的軌道有五根柱子，也可以多做幾根。

50公分 · 40公分 · 30公分 · 20公分 · 10公分

1 先規畫軌道。把圓形紙筒相疊，組出不同高度的柱子。然後按高矮順序擺放，讓柱子間的距離不同，軌道才有坡度變化。

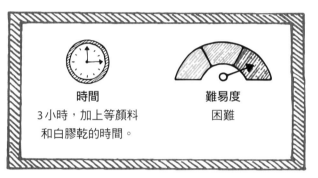

時間
3小時，加上等顏料和白膠乾的時間。

難易度
困難

需要的東西

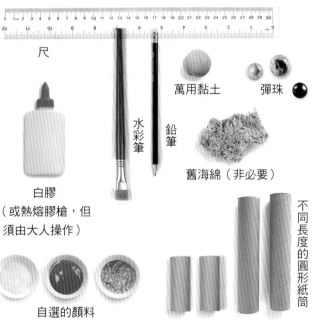

尺

白膠
（或熱熔膠槍，但須由大人操作）

水彩筆

鉛筆

萬用黏土

彈珠

舊海綿（非必要）

自選的顏料

不同長度的圓形紙筒

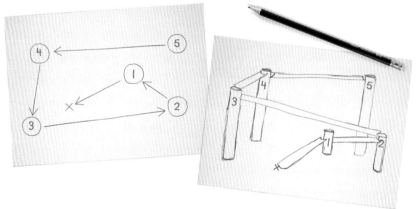

2 畫出軌道的鳥瞰圖和側面圖，記得在軌道終點打叉做記號。幫柱子編號，最高的為5號，由高至矮依序編到1號。

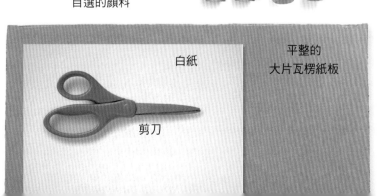

白紙

平整的大片瓦楞紙板

剪刀

3 用白膠把圓形紙筒相黏，做成柱子。立直擺放，紙筒才不會散開。靜置一晚讓白膠晾乾，做出五根不同高度的柱子。

先用尺畫一
條線，再沿
線剪開。

4 為柱子上色，再添加條紋或其他細節，
然後靜置晾乾。這裡把柱子塗成黃色，
再用海綿沾上一些紅褐色，製造出生鏽陳舊
的效果。

5 接著製作軌道。把兩個廚房紙巾的
圓紙筒相黏，再重複兩次，製作三個長
圓筒。立直後靜置一晚晾乾，然後由縱向剪
開，做出六段軌道。

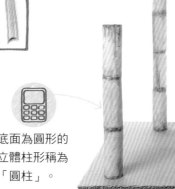

底面為圓形的
立體柱形稱為
「圓柱」。

6 把軌道的側邊修掉 1 公分，讓軌道寬度
變窄。六段軌道都塗上顏色並且靜置晾
乾。這裡使用銀色塗料模擬鋼鐵色澤，但也
可以使用其他顏色。

7 回到步驟 2 的設計圖，根據規畫，把上
好色的柱子垂直放置在平坦的大片瓦楞
紙板上。在每根柱子底部描一個圓。

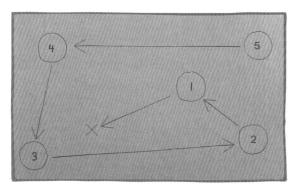

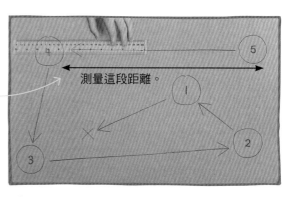

測量這段距離。

柱子之間的距離
可能超過尺的長
度，這時可分兩
次測量，再把長
度相加。

8 根據設計圖，把描好的圓編號，並在彈
珠軌道的終點打叉做記號。用鉛筆輕輕
畫出箭頭，方便記憶軌道的擺放位置。

9 測量 5 號圓右側到 4 號圓右側的距離，
記錄下來。重複步驟，每次都由遠的一
端量到近的一端，得出每段軌道的長度。

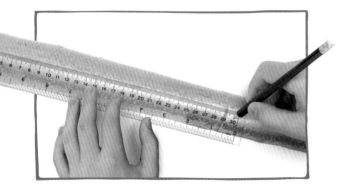

10 用尺和鉛筆，在上好色的軌道上量出步驟9裡的軌道長度，剪下。在軌道上標示號碼，之後才記得哪個軌道要和哪兩根柱子連接。

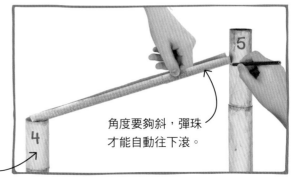

先以萬用黏土暫時把柱子固定在底座上。

角度要夠斜，彈珠才能自動往下滾。

11 把5號和4號柱立在紙板上，5號軌道的一端放在4號柱上，調整軌道角度，讓另一端靠近5號柱頂，並在軌道下緣處做記號。

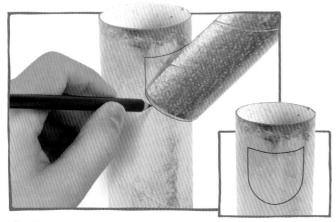

12 用軌道當模板，在5號柱上做記號的地方畫一道弧線。沿著弧線兩端往上畫出線條，再以橫線相連，形成「盾牌」的形狀。

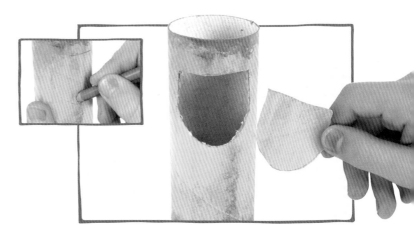

13 想輕鬆一點的剪下「盾牌」，可先用鉛筆尖在「盾牌」邊緣刺一個洞，再將剪刀伸入剪下。剪下的紙板可做為下個步驟的模板。

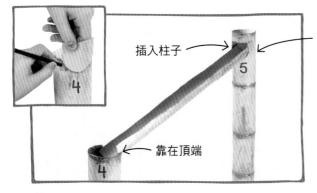

插入柱子

讓軌道緊貼5號柱的內壁，彈珠放入時才不會掉下去。

靠在頂端

14 用步驟13的模板在4號柱頂端畫一道弧線，然後用剪刀剪掉。在5號和4號柱上放置第一段軌道，但不要黏起來。

直立的柱子以傾斜的軌道連接。

15 重複步驟11至14，接好所有的柱子和軌道。插槽和放置跑道的切口要配合軌道的方向，開在柱子上正確的一側。

16 對組裝感到滿意後，用彈珠測試軌道，必要時可調整軌道或柱子的位置，然後再進行固定。先把每根柱子的底部黏在底座上，再擺放軌道並黏貼固定。

彈珠是實心的立體球形，也就是「球體」。

17 白膠晾乾以後，把彈珠放入軌道，看它如何快速的滾下。祝你玩得開心！

能滾多遠？

彈珠抵達軌道終點後，還能再滾多遠？測試看看，並記錄結果。用尺量出距離，看看自己是不是猜對了。試著預測不同大小的彈珠衝下軌道後，會跑多遠才停下來。測量彈珠行進的距離，並用碼錶為彈珠計時。軌道的長度和角度會影響彈珠的速度，試著讓柱子間的距離變短、軌道坡度變陡，彈珠滾下的速度也會跟著變快。彈珠大小會影響結果嗎？

你的彈珠在停下來之前，滾了多遠呢？

奇妙的圖像
眼睛的錯覺

拿起鉛筆、紙和尺規，來創造視覺藝術吧！這些巧妙的圖
案運用顏色、光影和規律的圖樣欺騙我們的大腦，讓我們
看見不存在的東西。明明畫的是平面圖形，數學魔術卻讓
線條從紙面凸出，變得立體。

別擔心線條畫
得不夠完美，
看起來還是會
像立體的。

大膽把陰影加
重，讓作品產
生立體感。

如何創造
眼睛的錯覺

試著用以下兩種方法來創作視覺藝術。第一種運用對比的顏色和曲線，讓圖形從紙面凸出；第二種是添加陰影和去除局部，讓長方體像是浮在半空中！這兩種方法都運用陰影來營造立體感。

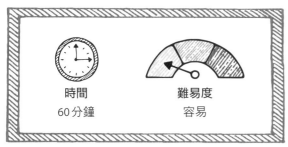

時間	難易度
60分鐘	容易

需要的東西

尺

量角器

圓規和鉛筆

黑色的筆

對比色的色鉛筆（各有深淺色調）

剪刀

白紙

橡皮擦　　智慧型手機

運用的數學

- **角**：用來畫出圖畫的主結構。
- **同心圓**：在圖片上繪製線條，製造視錯覺。
- **凸曲線和凹曲線**：讓圖畫產生凹凸立體感。

活動 1：圓的錯覺

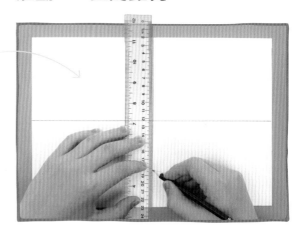

在四個邊的中間點做記號，找出紙張的正中心。

1 測量白紙的長度和寬度，各除以2，找出邊線的中間點並做記號。畫直線把長邊的中間點相連，短邊的中間點也相連，兩直線相交的地方就是紙張的中心。

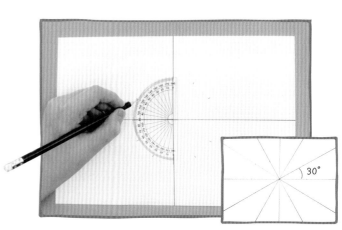

30°

2 量角器的中心對準紙張中心，每隔30°做一個記號。從圓心畫線通過30°的記號，並一直畫到紙張的邊緣，將整張紙分成12個區間。

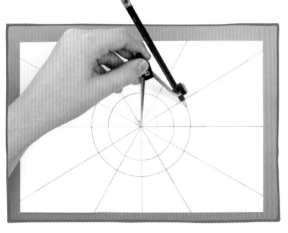

曲線弧度向外凸
為「凸曲線」。
「凹曲線」則是
弧度向外凹。

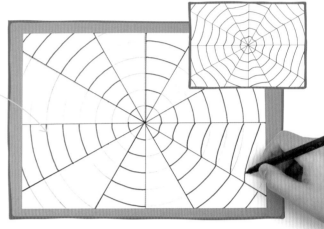

3 圓規尖腳固定在中心點,畫出半徑為 2 公分的圓。逐次增加半徑大小,每次加大 2 公分,畫出同心圓,直到將紙張畫滿。

4 用黑筆描出直線,再描出間隔的區間裡的圓弧曲線。最後在間隔的曲線之間,畫出弧度向外凹的「凹曲線」。

圖畫上對比的色彩之間加上白色的間隔,讓人更容易產生錯覺。

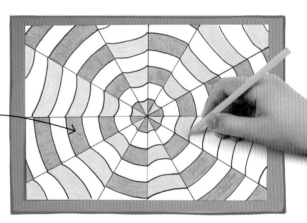

5 選取一種顏色的色鉛筆,在間隔的區間裡做記號,區間內的區塊也同樣間隔做記號,以免塗錯顏色。最後按記號上色。

6 選取對比色的色鉛筆,重複步驟 5,為區塊做記號並上色。

7 最後用深色的色鉛筆在每個區間的邊緣加上陰影,讓圖案產生立體效果。

邊緣的陰影深一點,中間的顏色淺一點,就會產生立體的錯覺。

真實世界中的數學
同心圓

不同大小的圓重疊在一起,具有相同的圓心,稱為「同心圓」。射箭用的箭靶上就能找到同心圓。你還能想到什麼例子呢?

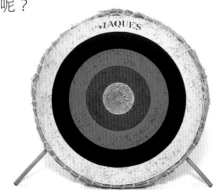

活動2：漂浮的方塊

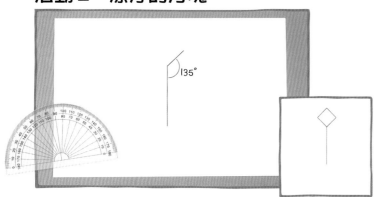

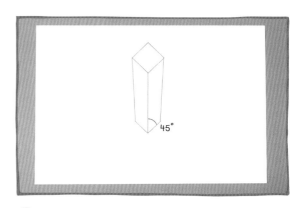

1 畫出9公分直線，用尺和量角器在線條頂端右側以135°畫一條4公分斜線，左側也一樣。上方再加畫兩條線，形成菱形。

2 線段底端右側以45°畫一條3公分斜線，左側也一樣。把這兩條線的端點與菱形左右兩側的頂點相連，形成長方體。

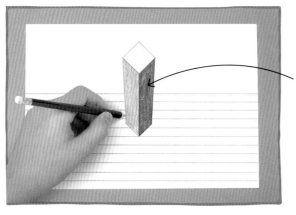

讓這一側的陰影比另一側的深，營造出立體的錯覺。

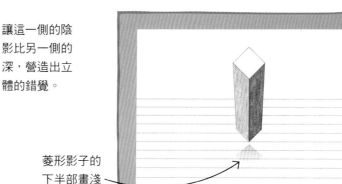

菱形影子的下半部畫淺一點。

3 從紙張一半的地方開始，由上往下，在長方體兩側及下方每隔1公分畫一條橫線。在長方體的兩個側面加上陰影。

4 長方體的正下方畫一個菱形的陰影，做出影子的效果。這樣能讓長方體看起來像是漂浮在半空中。

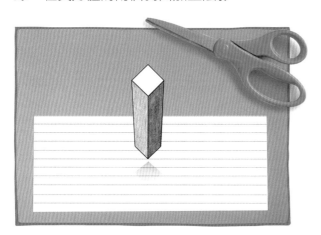

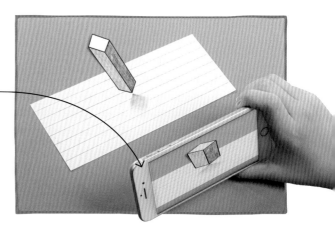

用手機錄下形狀改變的影片，跟朋友分享！

5 用黑筆描出長方體的輪廓，然後沿著最上面的橫線剪掉上半部的紙張，讓長方體像是從紙面跳出，製造出立體的錯覺。

6 開啟智慧型手機的相機功能，一邊拍攝圖畫一邊改變手機的角度，會發生什麼事？平面圖形的大小和形狀改變了！

美好時光
自製時鐘

想建立正常的作息,有什麼比自製時鐘更棒的呢?在這項活動中,你需要一個運作正常的時鐘機芯(可到手工藝材料店或上網購買),以及一些黏土和顏料,用來把時鐘裝飾成喜歡的樣子。繪製鐘面是練習分數的好機會,因為鐘面必須分成12等分。準備好了嗎?是開始的時候了!

運用的數學

- 除法:把鐘面分成12等分。
- 角:用來區分每個小時的界線。
- 時間的辨識:以便把行程貼在做好的時鐘上。

當短針通過數字旁的記號,代表新的一個小時開始了。

這裡以彩色的扇形裝飾時鐘,但也可以使用喜歡的其他圖樣。

喵喵

用黑色簽字筆在鐘面寫上清楚的數字。

午餐

幫忙整理廚房

寫功課

上床睡覺

晚餐

餵喵喵

在不同時刻貼上提醒字條，就知道什麼時候該做什麼事！

如何 自製時鐘

時鐘機芯能夠帶動時鐘運行,顯示時間,不過仔細的測量,把鐘面等分並讓數字出現在正確的位置上,是活動中很重要的一部分。等黏土風乾後,參照示範的彩色圖樣彩繪時鐘,也可以自行發揮創意。

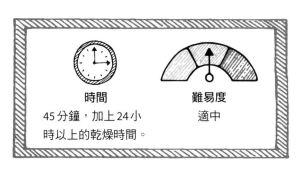

時間	難易度
45分鐘,加上24小時以上的乾燥時間。	適中

需要的東西

盤子   尺

便利貼

風乾黏土 (需確認風乾時間)

壓克力顏料和水彩筆

量角器

時鐘機芯、指針和電池   餐刀   鉛筆   黑色簽字筆   筆蓋

擀麵棍

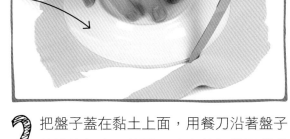

1 把黏土擀成比盤子大的圓形,厚度大約為 0.5 公分,形狀不需要完美,但表面要盡量平整。

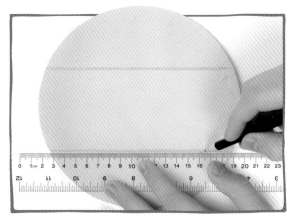

盤子的大小會決定鐘面的尺寸。

2 把盤子蓋在黏土上面,用餐刀沿著盤子的邊緣切出一個圓。小心的把盤子從黏土上拿下。

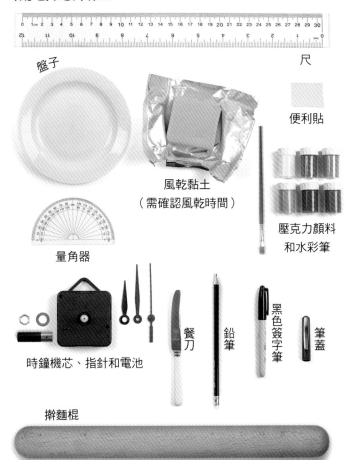

3 接下來,找出圓形黏土的圓心。用鉛筆在黏土上輕輕畫出兩條平行線,這兩條線必須一樣長。

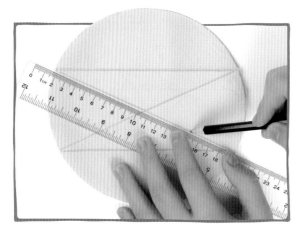

4 畫兩條斜線，分別連接步驟 3 的兩條平行線左右兩端。這兩條斜線的交叉點就是圓心的位置。

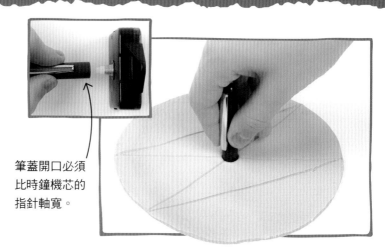

筆蓋開口必須比時鐘機芯的指針軸寬。

5 把筆蓋的開口蓋在圓心上面，挖出一個洞。然後把黏土放在平坦的地方風乾，可能需要一整天或幾天的時間。

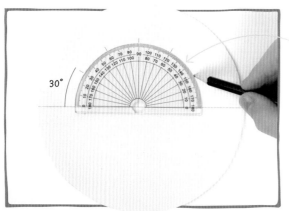

12 小時制的時鐘有 12 個小時，圓為 360°，除以 12 為 30°。

6 黏土完全風乾後，翻面，畫線通過圓的正中間。把量角器的中心對準圓心，用鉛筆每隔 30° 做記號。再把量角器轉 180°，重複相同步驟，在圓的另一半做記號。

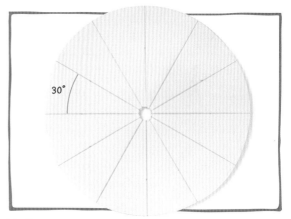

7 用尺畫線連接圓心與 30° 角的記號，將鐘面區分成 12 等分。每一等分代表一個小時。

8 用壓克力顏料彩繪，在時鐘上畫出喜歡的圖樣。然後等顏料完全變乾，可能需要兩小時。

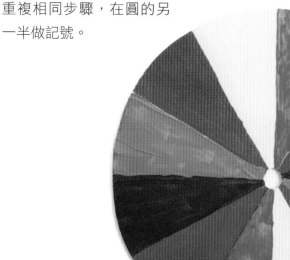

你喜歡塗成鮮豔的顏色或柔和的顏色？

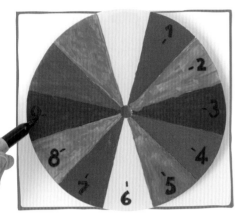

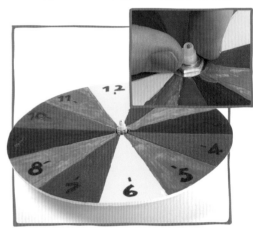

9 用鉛筆沿著鐘面上的區間，依序畫上數字1到12，再用黑色簽字筆將數字描繪清楚。

10 把時鐘機芯放在時鐘的背面，指針軸由鐘面中間的洞穿出。掛鉤要對齊數字12。

11 把圓形黃銅墊片安裝到指針軸上，鎖上六角螺帽。不要鎖太緊，以免破壞黏土。

12 小心的把指針安裝到機芯的指針軸上，先安裝最短的時針，再安裝長的分針，最後才是纖細的秒針。

三根指針一開始都對準12，設定出來的時間才會準確。

13 把三根指針對準12點，在機芯裡裝上電池，撥動分針，直到指針指向目前的時間。

秒針最後安裝。小心不要過度用力，以免弄彎指針。

在每個數字旁畫一道記號，以便清楚辨識指針是否通過，這表示一個小時過去了。

14 為了提醒自己在特定的時間做該做的事,可把事項寫在便利貼上,然後貼在鐘面。根據每天的行程調整便利貼的位置。如果便利貼太大張,可以剪成小塊再書寫。

午餐

幫忙
整理廚房

寫功課

餵喵喵

怎麼辨識時間?

時鐘可簡略分成兩種,一種是類比式,就像本活動的時鐘;另一種是數位式,用電子螢幕呈現白天加晚上的 24 個小時。這裡的三個時鐘顯現同樣的時刻:再五分鐘就是午夜,只是看起來不太一樣。若想把 24 小時制轉換成 12 小時制,只需要把小時減去 12,所以 23:00 是 11:00,因為 23 - 12 = 11。

24 小時制的數位式時
鐘午夜為 00:00。前
兩個數字代表小時,
中間兩個是分鐘,最
後是秒數。

這個類比式時
鐘以羅馬數字
表示小時。

這個類比式時鐘
上的數字代表小
時,短線代表分
鐘,可看出時間
是幾點幾分。

在餵鳥器的屋頂套上一條繩子，把餵鳥器掛在花園裡。

利用彩色的冰棒條來製作，或以環保顏料為冰棒條上色。

不同的飼料會吸引不同的鳥類，例如蟲乾，是許多食蟲鳥類喜歡的飼料。

歡樂的數據
餵鳥器

想要花園裡滿是鳥兒飛來飛去嗎？這個色彩繽紛的餵鳥器，很快就會成為當地鳥兒喜歡造訪的地方。想組裝成功，得好好的運用角度，打造出堅固的結構來盛裝鳥飼料。一旦完成餵鳥器，試著進行觀察，把統計資料畫成折線圖，看看鳥兒最喜歡哪種飼料。

鳥會來拜訪餵鳥器，但要耐心等待，可能需要好幾天，鳥才會發現它的存在。

有些鳥喜歡棲木，有些不喜歡。

如何製作
餵鳥器

這項活動看起來有點複雜，但其實意外簡單，很快就能做好一個全新的餵鳥器。不過你得發揮耐心，等候鳥兒前來。一旦鳥兒上門，可以開始觀察統計，找出哪種鳥類最喜歡哪種飼料。

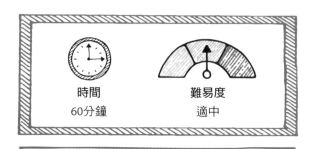

時間
60分鐘

難易度
適中

運用的數學

- 角：製作完美的屋頂斜度。
- 一半：用來製作棲木。
- 平行線：打造堅固的底座。
- 折線圖：找出鳥最喜歡的飼料。

需要的東西

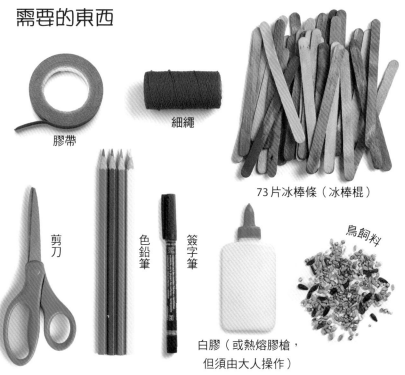

膠帶

細繩

73片冰棒條（冰棒棍）

剪刀

色鉛筆

簽字筆

鳥飼料

白膠（或熱熔膠槍，但須由大人操作）

方格紙

三角板

筆記本

尺

空的飲料紙盒

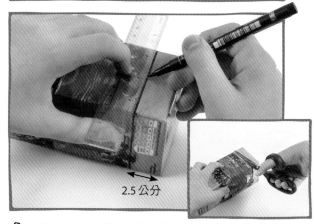

2.5公分

1 首先，利用底面約為 7×7 公分的飲料紙盒，製作餵鳥器的托盤。在距離紙盒底部2.5公分高的地方畫線並剪開。

2 把12片冰棒條並排擺放，上面放置餵鳥器的托盤。確認一下，托盤底部的左右兩側，要各多出兩片冰棒條。

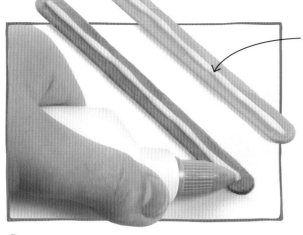

冰棒條塗
上白膠。

先確認托盤可以
放進冰棒條之間
的底座（但不要
黏住），再黏貼
冰棒條。

3 另取兩片冰棒條，從頭到尾塗上白膠。
利用這兩片冰棒條，固定餵鳥器底部的
12片冰棒條。

 用三角板在紙上
畫出直角，作為
放置冰棒條的參
考線。

90°

4 在距離餵鳥器邊緣1公分的地方，黏上
塗有白膠的冰棒條，注意讓這兩片冰棒
條和底座的冰棒條成直角。

5 再拿兩片冰棒條，把白膠塗在兩端、距
離端點約1公分處。重複步驟4，讓這
兩片和剛才黏好的冰棒條成直角，貼好。

 把冰棒條的全長
除以2，算出折
斷後的長度。

6 重複步驟4和5，蓋出可放置餵鳥器托
盤的冰棒條「圍牆」。其中兩側有三層
冰棒條，另兩側有兩層。

8 在兩層的冰棒條「圍牆」中間黏上一片
棲木，讓它向外呈直角伸出。另一側也
同樣處理，讓餵鳥器兩側各有一片棲木。

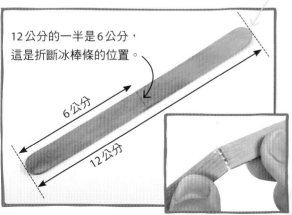

12公分的一半是6公分，
這是折斷冰棒條的位置。

6公分

12公分

7 接下來製作棲木。在冰棒條一半的位置
上畫線，將冰棒條平整的從中間折斷。
如果覺得困難，可請大人幫忙。

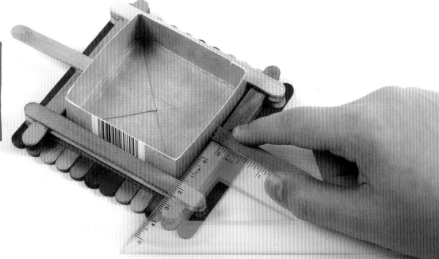

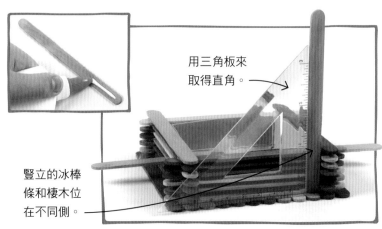

用三角板來取得直角。

豎立的冰棒條和棲木位在不同側。

9 繼續在餵鳥器底部黏上一層一層的冰棒條，直到較低的一側與托盤同高。

10 在一片冰棒條的一端塗上白膠，以直角豎立在底座外側的一角，並和底座黏貼。

兩根橫擺的冰棒條要彼此平行。

11 重複步驟10，在托盤外的四個角黏好四片豎立的冰棒條。

12 在冰棒條兩端距端點2公分處塗上白膠，橫向黏在豎立的冰棒條上。另一側重複同樣的步驟。

13 製作屋頂。把12片冰棒條並排，另12片也並排，然後左右對齊排列，中間以膠帶黏貼。

這是屋脊，大約是一片冰棒條的長度。

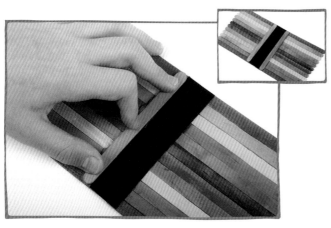

14 把一片冰棒條塗上白膠，對齊的黏貼在膠帶一側，用力壓緊。重複同樣的步驟，讓膠帶兩側各有一片冰棒條。

15 再把一片冰棒條從頭到尾塗上白膠，黏在距離屋頂邊緣 0.5 公分的地方。另一側重複同樣的步驟。

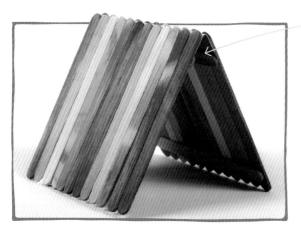

這個角的角度小於直角，小於直角的角稱為「銳角」。

16 把屋頂翻面，輕輕摺彎，讓屋脊形成三角形，膠帶位在屋頂下面。

17 沿著底座上方橫擺的冰棒條上緣，從頭到尾塗上白膠。

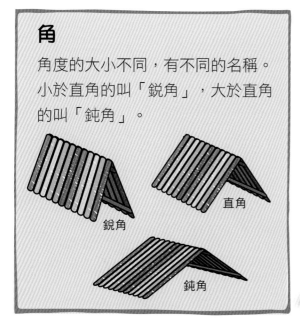

角

角度的大小不同，有不同的名稱。小於直角的叫「銳角」，大於直角的叫「鈍角」。

銳角

直角

鈍角

18 把屋頂架在冰棒條上緣，壓緊、固定好。靜置等白膠晾乾。

19 沿著屋脊，也就是屋頂兩邊交會的地方，塗上白膠，再放上一片冰棒條，用力壓緊、固定。餵鳥器完成了！準備吸引鳥兒吧！

20 把餵鳥器掛在花園，在托盤裡裝滿美味的鳥飼料。

飼料放入托盤後，再把托盤放進餵鳥器。

鳥兒愛吃什麼？

想知道花園裡的鳥兒最喜歡吃什麼，可在餵鳥器裡擺入不同飼料，看看有多少鳥兒來覓食。運用表格記錄來訪次數，收集好資料後，把來訪次數畫成折線圖，就可以進行分析，找出花園裡鳥兒的喜好。記得在每天同一時間進行觀察，結果才會準確。

麵包蟲乾

混合種子

堅果一定要弄碎，以免鳥類一次吃下整顆堅果而噎到。

堅果碎粒

1 使用不同飼料，花幾個星期的時間進行觀察，看看花園裡的鳥兒喜歡吃什麼，例如第一週使用堅果碎粒，然後依序使用種子、麵包蟲乾。

用尺畫出直線，連接圖上相鄰的點。

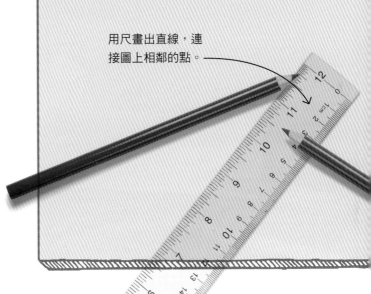

星期一	ⅧⅢ III
星期二	ⅧⅢ IIII
星期三	ⅧⅢ II
星期四	ⅧⅢ II
星期五	ⅧⅢ
星期六	ⅧⅢ III
星期日	ⅧⅢ I

星期一	ⅧⅢ ⅧⅢ III
星期二	ⅧⅢ ⅧⅢ I
星期三	ⅧⅢ ⅧⅢ I
星期四	ⅧⅢ ⅧⅢ IIII
星期五	ⅧⅢ ⅧⅢ II
星期六	ⅧⅢ ⅧⅢ I
星期日	ⅧⅢ ⅧⅢ II

這是堅果碎粒的紀錄。也可用「正」字來畫記號。

2 把選好的飼料放入托盤中，靜候鳥兒出現。在表格上做紀錄，一週七天。每當鳥兒前來餵鳥器取食，就在表格上畫記號。

3 一週後，更換托盤裡的飼料，重做一張新的表格，記錄鳥兒取食的次數。再一週後，換成第三種飼料，重複同樣的步驟。

4 把表格內的紀錄畫成折線圖，圖的底部是一週七天，側邊是鳥取食的次數。用不同顏色代表不同飼料。

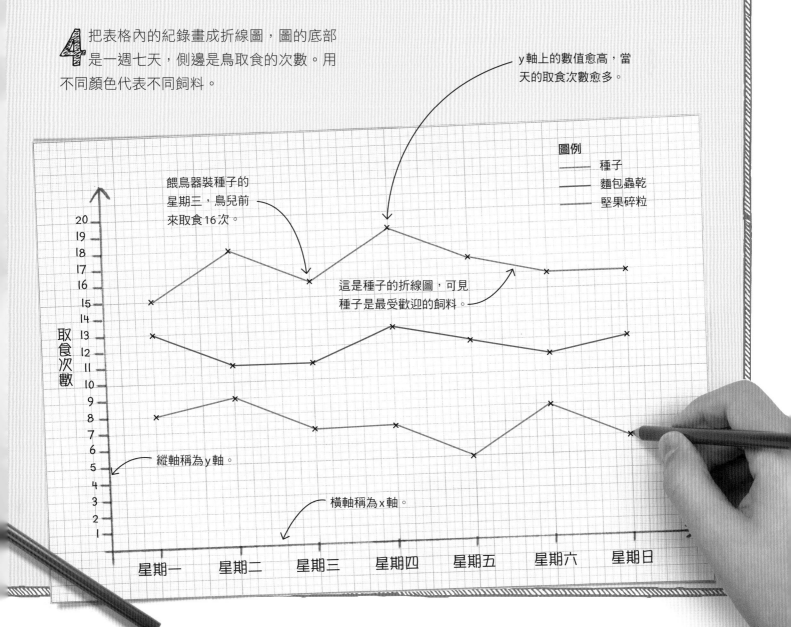

y軸上的數值愈高，當天的取食次數愈多。

餵鳥器裝種子的星期三，鳥兒前來取食16次。

這是種子的折線圖，可見種子是最受歡迎的飼料。

圖例
—— 種子
—— 麵包蟲乾
—— 堅果碎粒

取食次數

20 19 18 17 16 15 14 13 12 11 10 9 8 7 6 5 4 3 2 1

縱軸稱為y軸。

橫軸稱為x軸。

星期一　星期二　星期三　星期四　星期五　星期六　星期日

名詞解釋

三角形
具有三個邊和三個角的平面圖形。

小數
與數字 10（及十分位、百分位等）有關，標記時會使用一個叫「小數點」的點。小數點右側數字依序是十分位、百分位等。例如 $\frac{1}{4}$ 寫成小數為 0.25，代表個位是 0、十分位是 2、百分位是 5。

公式
用數學符號寫成的規則或敘述。

分子
分數裡位在上面的數，例如 $\frac{3}{4}$ 的 3 就是分子。

分母
分數裡位在下面的數，例如 $\frac{3}{4}$ 的 4 就是分母。

分數
用分子和分母表示的數，如 $\frac{1}{2}$、$\frac{1}{4}$ 或 $\frac{10}{3}$。

比
兩個或兩個以上的數或數量之間進行比較時，常會用「比」來表示。寫法是把數並列，數與數之間用符號「：」做區隔。

比例
事物的部分在整體中所占有的相對大小。

代數
使用英文字母或其他符號代表未知數來進行計算的數學。

半徑
從圓心到圓周上任一點所連成的線段。

四邊形
具有四個邊的平面圖形。

平行
彼此不接近、也不遠離的並行方式。

平均值
一組數據的均衡點，可用來代表這組數據。

平面（2D）
具有長度和寬度，但沒有高度（厚度）。

正方形
具有四個邊的平面圖形，四個邊一樣長、四個角都是 90°。正方形是一種特殊的長方形。
參見「長方形」。

正數
比零大的數。

立體（3D）
具有長度、寬度和高度。所有固體都是立體的，即使是薄薄的紙也一樣。

交點
兩條線相交形成的點。

因數
可整除某個整數的整數，例如 4 和 6 是 12 的因數。

多面體
由多邊形的面組成的立體圖形。

多邊形
具有三個或超過三個邊的平面圖形，例如三角形是一種多邊形。

百分率
以百分之幾來表示的數，通常以百分號標示，例如 25% 等於 $\frac{25}{100}$。

位值系統
數的書寫方法。組成一個數的數碼所具有的值，會依數碼的位置而定。例如 120 中的 2，位值是 20，但 210 的 2 位值是 200。

估計
尋找正確答案的近似值，通常會採用四捨五入的方法進行估計。

坐標
一組數字，用來標示點、線或面在網格上的位置，或某個物件在地圖上的所在地點。

折線圖
將數據畫在網格上並以線段連接，用來呈現數據變化的統計圖。

角
用來指示方向改變程度的測量值，也可以視為相交於一點的兩條線之間的方向差距。角的測量單位是「度」。
參見「角度」。

角度
角和圓弧的測量單位，記為「°」，一整個圓所具有的角度是 360°。

周長
圖形周圍邊界的總長度。

底
想像把一個圖形放在某個平面上，最下方的邊就是「底」。

直角
為 90° 角，大小是圓的四分之一。鉛直線和水平線相交形成的角就是直角。

直徑
從圓周或球面的一端，通過圓心或球心到另一端的直線。

長方形
具有四個邊的平面圖形，兩組對邊一樣長、四個角都是90°。

垂直
某物和另一物相交的角為直角時，稱為「垂直」。

相交
指線或圖形交會於一點或彼此交叉。

負數
比零小的數，例如 -1、-2 和 -3 等等。

面
平面圖形的平面。

面積
平面圖形的範圍，測量單位是「平方單位」，例如平方公尺。

倍數
兩個整數相乘得到的數，會是這兩個數的倍數。

值
事物的數量或大小。

展開圖
一種可摺成立體圖形的平面圖形。

逆時針
與時鐘指針的旋轉方向相反叫逆時針。

斜線
既不是鉛直、也不是水平的傾斜直線。

旋轉
圍繞著一個定點或一個軸轉動。

球體
圓球狀的立體圖形，球體表面上的每個點到球心的距離都一樣長。

單位
測量用的標準尺寸，例如公尺是長度的一種單位。

等式
用來描述某事等於某事的數學方式，如 2＋2＝4。

量角器
測量角度的工具。

軸
(1) 網格上的兩條主線之一，用來標示點、線和面的位置。
(2) 對稱圖形對稱兩半中間的線叫「對稱軸」，也叫對稱線。

順時針
與時鐘指針的旋轉方向相同叫順時針。

圓周
圓形外圍一圈的長度。

圓柱
像柱子一樣、橫截面為圓形的立體圖形。

圓規
用來畫圓和弧線的工具。

圓錐
底面為圓形，側面為曲面並逐漸縮小成一個頂點的立體圖形。

對稱軸
平面圖形上可將圖形分成對稱兩半的假想線。有些圖形沒有對稱軸，有些具有不只一條。

數
用來計數或計算的值，可以是正數或負數，也包括整數、分數、小數等等。

數列
按照特定規律排列的一組數字。

數碼
0 到 9 這十個數字符號，可用來組成更大的數，例如 58 是由數碼 5 和 8 組合而成。

數據
根據調查得出、可分析及比較的數值。

線對稱
一個圖形若能畫線分成兩半，且兩半互為鏡像，就是具有線對稱的特性。

質數
比 1 大，且只能被 1 和本身整除的整數。

餘數
當一個數無法被另一個數整除時，剩餘的部分稱為「餘數」。

整數
不具分數或小數的數，像 8、36、5971……等。

機率
事件發生的可能性。

索引 （粗體數字為具有數學概念說明的頁面）

ACKNOWLEDGMENTS

The publisher would like to thank the following people for their assistance in the preparation of this book:

Elizabeth Wise for indexing; Caroline Hunt for proofreading; Ella A @ Models Plus Ltd, Jennifer Ji @ Models Plus Ltd, and Otto Podhorodecki for hand modelling; Steve Crozier for photo retouching.

The publisher would like to thank the following for their kind permission to reproduce their photographs:

(Key: a-above; b-below/bottom; c-centre; f-far; l-left; r-right; t-top)

17 Mary Evans Picture Library: Interfoto / Bildarchiv Hansmann (br). 25 Getty Images: Jonathan Kitchen / DigitalVision (bc). 31 Getty Images: Universal Images Group (br). 49 123RF.com: Maria Wachala (crb). 61 Alamy Stock Photo: Karen & Summer Kala (bl). 77 Getty Images / iStock: Elena Abramovich (br). 92 Dreamstime.com: Stocksolutions (tbl). 97 Dreamstime.com: Stocksolutions (bl/notebook). Getty Images: Anthony Wallace / AFP (crb). 103 Getty Images / iStock: Tatiana Terekhina (bl). 105 Dreamstime.com: Ukrit Chaiwattanakunkit (br). 108 Dreamstime.com: Stocksolutions (cb/notebook). 109 Shutterstock.com: SeventyFour (br). 124 Getty Images: Westend61 (bl). 125 Dreamstime.com: Stocksolutions (notebook). 129 Alamy Stock Photo: Pacific Press Media Production Corp. (bl). Dreamstime.com: Stocksolutions (cra/notebook). 133 Dreamstime.com: Stocksolutions (br/notebook). 149 Getty Images / iStock: chasmer (crb). 152 Dreamstime.com: Stocksolutions (bl). 157 Dreamstime.com: Stocksolutions (notebook).

All other images © Dorling Kindersley
For further information see: www.dkimages.com